本书受辽宁省功能纺织材料重点实验室专项资金资助

家用纺织品配饰设计与产品开发

毛成栋　著

中国纺织出版社

内 容 提 要

本书介绍了家纺配饰的设计与产品开发相关内容,主要对家纺配饰的种类、家纺配饰的原料设计、家纺装饰绳设计、家纺装饰带设计、家纺花边设计及家纺饰物设计等做了全面的阐述与研究,提出了相关产品的设计方法,对产品开发中相应技术的实施进行了讨论。

本书可供家纺配饰生产企业的设计人员、技术人员及管理人员使用,也可用作纺织工程专业纺织品设计方向的相关课程的专业教材。

图书在版编目(CIP)数据

家用纺织品配饰设计与产品开发/毛成栋著. —— 北京:中国纺织出版社,2015.10(2024.1重印)

纺织高等教育"十二五"部委级规划教材

ISBN 978 - 7 - 5180 - 1964 - 9

Ⅰ.①家… Ⅱ.①毛… Ⅲ.①家用纺织—设计—高等学校—教材 Ⅳ.①TS106.3

中国版本图书馆 CIP 数据核字(2015)第 213042 号

策划编辑:孔会云 责任编辑:王军锋 责任校对:寇晨晨
责任设计:何 建 责任印制:何 建

中国纺织出版社出版发行
地址:北京市朝阳区百子湾东里 A407 号楼 邮政编码:100124
销售电话:010—67004422 传真:010—87155801
http://www.c-textilep.com
中国纺织出版社天猫旗舰店
官方微博 http://weibo.com/2119887771
北京虎彩文化传播有限公司印刷 各地新华书店经销
2024 年 1 月第 2 次印刷
开本:787×1092 1/16 印张:8.5
字数:144 千字 定价:58.00 元

随着社会的进步，人们生活水平的日益提高，家用纺织品的发展呈现出勃勃生机。作为家用纺织品辅件的家纺配饰，已经越来越多地出现在家纺产品中；现代家纺产品的设计和使用，已经离不开家纺配饰的支撑和点缀。家纺配饰对提高家用纺织品的档次，提升家用纺织品的艺术特性起到了画龙点睛的作用，使家纺产品更受消费者的喜爱。

家纺配饰包括家纺装饰绳、家纺装饰带、家纺花边及家纺饰物等。在家纺配饰产品的设计开发上，现有的一些设计方法主要是依赖经验，缺乏对产品开发的系统总结和理论研究，虽然其基本程序遵循了一般纺织品的设计过程，但具体环节上有着很多根本性的区别。本书力求系统阐述家纺配饰设计的基本原理、工艺过程及技术手段等，并对家纺配饰的原料选择、设计方法及工艺制作等方面做了重点介绍。

本书的撰写得到了辽东学院领导及同事们的支持，孙鹏子教授对本书给予了关注和支持，家纺饰物方面的撰写得到了许兰杰的协助，书中的插图由李立新、肖枫、于吉成协助完成。书中实物样品图片由丹东金泰家纺饰品厂提供，在此一并表示衷心感谢。

本书希望能够全面总结有关家纺配饰的设计、生产等方面的内容，然而由于能力及条件的限制，内容还不够完善，也算是以后工作的铺垫。书中不当之处，恳请读者批评指正。

作者
2015 年 8 月

目 录

第一章 绪论

家用纺织品是纺织行业三大支柱产品之一。作为家用纺织品辅件的家纺配饰近年发展势头迅猛,已经开始成为一个新兴的纺织产业,为纺织业的产品开发提供了新的领域。同时,随着社会的发展与进步,人们物质和文化生活水平及居住环境的改善和提高,使得家用纺织品的消费水平发生了根本性的改变,人们对居住环境的装饰装修提出了更多、更高的要求,追求舒适、独特、艺术及自我体现已经成为家用纺织品室内环境装饰的必然要求。在这种形势下,能够体现环境装饰独特风格特征,表现居住者审美追求及个性特点的家纺配饰应运而生并迅速发展,从而促进了家纺配饰的产生、更新与发展。推动家纺配饰发展的因素归纳如图1-1所示。

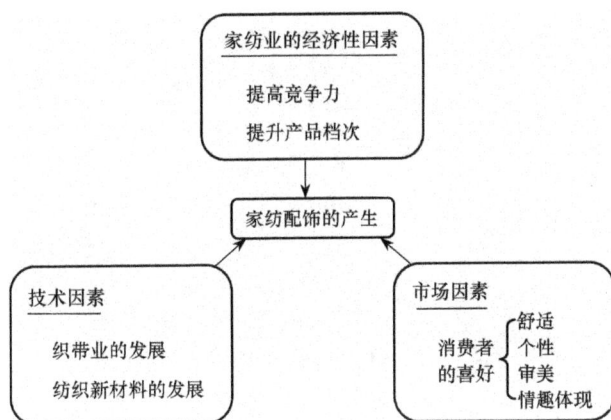

图1-1 推动家纺配饰发展的因素

第一节 家纺配饰概述

现代社会中,伴随着工作和生活节奏的加快,人们对居住环境的要求日益关心甚至挑剔,要求家用纺织品除具有舒适、保暖、遮挡等基本功能以外,格外强调其装饰性。目前,家用纺织品中以面料为主的产品,其装饰性早已为人们所熟知。同时,家纺配饰在体现家纺产品装饰性方面的重要作用也越来越为人们所接受。

一、家纺配饰的概念

家纺配饰这个术语,在现代家纺设计和家纺生产领域逐渐为人们所熟知,其内涵越来越被人们所重视和理解。如果将一套家纺作品比作一件精美的艺术品，那么家纺配饰就是其中的点睛之笔，如同服装配饰对服装的重要性一样，其功能与作用越来越被家纺设计师所关注，其产品也越来越被消费者所青睐。家纺配饰可以认为是除家纺面料以外的其他具有装饰功能的家纺产品，即在家用纺织品中起提升产品档次，体现产品设计特征，对整套家纺产品起修饰和点缀作用的家纺装饰品，如装饰绳、装饰带、家纺花边及流苏饰品等。这些产品的使用丰富了家纺产品的种类，提升了家纺产品的档次，同时也推动了家纺产品的发展。

　　家纺配饰产品通常是通过产品的材质、色彩以及款式等来实现其装饰目的的，它是实用性与艺术性相结合的一类纺织产品，同时与人们的生活密切相关。随着人们物质文化生活水平的提高和居住环境的改善，家纺配饰随家用纺织品的发展将越来越显示出其重要性。

　　图1-2显示了家纺配饰在家用纺织品中的装饰作用，如窗帘等挂帷类装饰品及靠垫抱枕的边饰花边、收束窗帘的流苏、沙发下摆的绳辫。家纺配饰提升了家用纺织品的装饰特性，烘托出了家用纺织品的装饰氛围，为整个室内环境的活跃与改善发挥出独特的作用。

图1-2　家纺配饰的装饰作用

二、家纺配饰的种类与装饰作用

家纺配饰种类繁多,一般可根据家纺配饰的外观形态、加工方法及使用场所进行分类。

(一)按外观形态分类

按外观形态分类,家纺配饰可分为家纺装饰绳、家纺装饰带、家纺花边及家纺饰品等。

1. 家纺装饰绳

家纺装饰绳是通过编织或者捻合的方法形成的具有装饰作用的一类家纺饰品。家纺装饰绳通过色彩的组合及结构上的变化,形成具有一定纹理外观的装饰品,产品具有色彩华丽、外观圆润饱满的形态特征。

家纺装饰绳在家用纺织品中的使用较为广泛,既可以应用于家纺产品的边缘处作为滚边使用,如沙发、床垫、抱枕等,也可以作为流苏产品的束带使用,兼具装饰和收束窗帘等挂帷类家用纺织品的作用,可起到提升产品品位和档次的功效。如图1-3所示,靠枕的边缘滚边增强了产品立体感;图1-4中的流苏饰品也需要装饰绳充当束带的功能,装饰绳通过自身的材料组成及纹理构成显示出形态方面的装饰美感,赋予了装饰产品以形态美。图1-5中

图1-3 装饰绳应用于靠垫边缘

装饰绳构成的曲线图案造型,活跃了装饰空间的气氛,同时也丰富了装饰空间的主题和风格。

图1-4 装饰绳应用于流苏束带

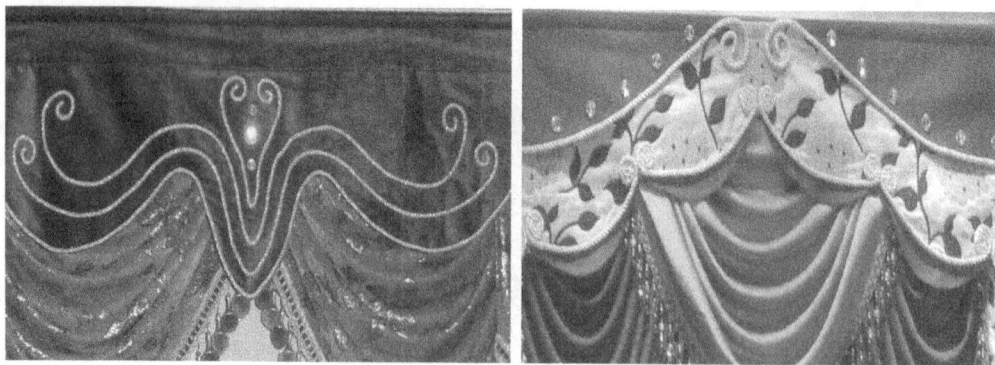

图 1 - 5　家纺装饰绳造型应用

2. 家纺装饰带

家纺装饰带也称家纺花边带,与传统意义上的带类产品最大的不同在于其有着极强的装饰性。家纺装饰带可以采用机织的方法,也可以采用针织的方法制成。无论哪一种装饰带,其外观都有着鲜明的装饰特性,或通过色彩,或通过材质,或通过纹理,或通过款式,无不显示出装饰带活跃、独特的装饰特性。

家纺装饰带主要用于家纺装饰品的嵌条和镶边,可使主饰品的装饰效应得以提升;用于家用纺织品平面上块面的分割及点缀,又可以丰富装饰品的装饰效果。图 1 - 6 所示的几件家用纺织品,利用装饰带的修饰,装饰品的装饰风格典雅而又别致。

图 1 - 6　家纺装饰带应用图例

3. 家纺花边

家纺花边属家纺配饰中的大类产品,是在家纺装饰带的基础上发展而来的,包括缨边花边、饰物花边、毛须边、绳辫花边等。家纺花边主要用于家用纺织品的边缘处,是家用纺织品的边饰。

缨边花边以装饰带为基础,在装饰带的边缘处利用纬纱的延长编织出具有不同长度的缨边。该产品多用于显示家纺产品活泼、自然的特点,同时给人以亲和、贴切的感觉。图1-7为一例缨边花边的应用,窗帘下摆处使用的缨边花边,提升了窗帘的装饰特性,更加衬托出窗帘优美的波纹与自然的悬垂性能。

图1-7　缨边花边应用图例

饰物花边是在装饰带或缨边花边的基础上,利用手工在其边缘处以各类珠子、包覆球、流苏等进行吊装修饰,主要用于修饰挂帷类家用纺织品,使得挂帷饰品悬垂感增强,装饰品整体装饰效果得以提升。图1-8为两例饰物花边的应用,两件窗帘饰品分别采用珠子花边和流苏花边修饰边缘,使窗帘的装饰效果得以提升。在饰物花边的衬托和修饰下,窗帘的装饰特性得以充分展示。图1-9为两件饰物花边装饰灯饰的实例,家纺花边丰富了灯饰的装饰特性,提升了灯饰的装饰品位。

毛须边是采用钩编或机织的方法,利用经纱固结多股纬纱,产品下机剪切后多股纬纱散脱形成丰满的须状外观,主要用于各种枕饰的边缘处,可使相应产品边缘丰满、柔和,给人以亲和、自然的感觉。如图1-10所示的两件靠垫,采用了毛须边边饰,使得靠垫自然、活泼,装饰效果明显。

图1-8 饰物花边应用图例

　　绳辫花边为采用加捻包覆绳编织的花边,具有圆润、饱满的"绳辫"外观而得名,装饰性强,在家用纺织品中应用广泛,产品主要用于各种家纺产品的下垂边缘处,如床盖边缘、布艺沙发下边缘等,给人以流畅、顺爽的感觉。

图 1 - 9 饰物花边装饰灯饰

图 1 - 10 毛须边应用图例

图 1 - 11 为绳辫花边应用实例。绳辫花边装点了饰品,提升了饰品的整体装饰效果。

图 1 - 11 绳辫花边应用实例

4. 家纺饰物类

家纺饰物类是家纺配饰产品中的大类产品,主要包括流苏绑带及吊穗、装饰盘等小饰物。

流苏绑带因有收束挂帏类家用纺织品的作用和配有流苏式装饰体而得名。该配饰种类较多、产品造型各异、色彩绚丽,是家纺饰品中的佼佼者。

家纺饰物的装饰作用主要体现在对主装饰品的烘托与点缀上。图1-12中三款用以收束挂帏家用纺织品的束带形式体现了流苏绑带饰物的发展及演变,由简单地以装饰绳为束带,到装饰绳与饰物结合,再到装饰绳加之流苏饰物构成流苏绑带,其装饰特性逐步提升,装饰作用得以充分体现。家纺饰物在实现对挂帏纺织品收束作用的同时,其独特的外观和形式也是对环境的烘托与修饰。

图1-12 绑带的应用及演变

小饰物在家用纺织品中主要起点缀与活跃环境气氛的作用。图1-13所示的两例小饰物装饰实例可以看出,小饰物提升了抱枕在装饰环境中的装饰地位,也对墙饰装饰起到了装点作用,既活跃了环境气氛,也体现了环境拥有者的生活情趣。

(二)按加工方法分类

按加工方法分类,家纺配饰有机织配饰、钩编配饰及手工配饰等。

1. 机织配饰

机织配饰为采用机织织带机生产的家纺配饰,包括机织装饰带、机织缨边花边及机织编结花边等。

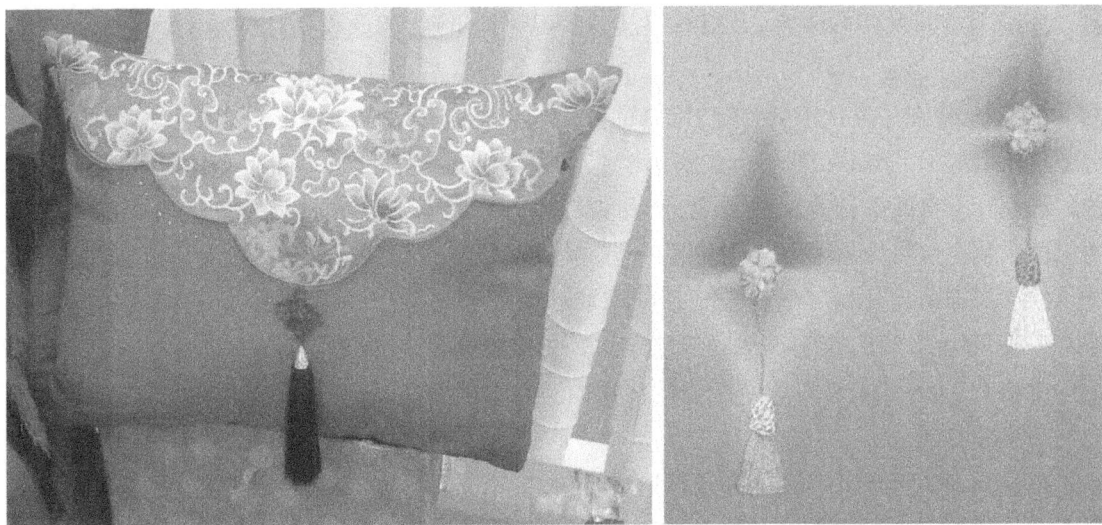

图1-13 小饰物的装饰作用

2. 钩编配饰

钩编配饰为采用钩编机生产的家纺配饰。钩编配饰为针织花边的一种,包括钩编装饰带、钩编缨边花边、毛须边、绳辫花边等。

3. 手工配饰

手工配饰指采用手工加工方法生产的家纺配饰,包括各类家纺饰品,如流苏绑带、装饰盘、大小吊穗等。

4. 组合加工配饰

它是采用机械与手工组合的加工方法生产的家纺配饰,包括饰物花边及部分家纺饰品等。

第二节 家纺配饰的发展过程与发展方向

我国有着悠久的纺织发展史,装饰织物古已有之,史料多有记载,但作为装饰纺织品一部分的家纺配饰的使用却较少。家纺配饰兴起于20世纪80年代。当时,随着国内外家用纺织品的兴起,纺织业利用现有的技术优势,大力开发新产品。为了不断推出具有艺术气息和家庭氛围的家纺产品,家纺配饰的使用开始出现于居家纺织品即现在的家用纺织品中。

一、家纺配饰的发展过程

家纺配饰是依附于家用纺织品而逐渐发展起来的纺织新产品,家纺配饰具有一定的艺术性、实用性和功能性的特点。其中艺术性是其主要的品质要求,而实用性和功能性是以满足其艺术性为前提的。目前的家用纺织品设计,采用家纺配饰已经成为家纺设计师提高产品艺术特征与审美内涵的重要手段,也是消费者选用家用纺织品时的重点考量方面。随着社会经济的发展,人们居住环境的不断改善,家用纺织品的发展更加迅速,因此也必然伴随家纺配饰的不断发展。

在国外,特别是发达国家,家纺配饰的使用与生产起步较早,这与人们的经济、生活发展水平是相适应的,家纺配饰产品在家用纺织品中占有很大的比重。欧美等国家和地区的家纺配饰设计一直处于行业领先地位,产品市场也一直处于活跃和热门阶段。这从每年一届的德国法兰克福装饰品博览会上可见一斑,其展品汇集了世界上最精美、最华丽、最具个性特点的家纺饰品,有以流行色彩、流行款式取胜的雍容高贵型配饰产品;也有以天然材料及新奇手段开发的质朴、亲近自然的特色产品。在中东地区及部分东亚国家和地区,家纺配饰市场也相当活跃,消费者对家纺配饰的使用如同日常消费品,选择及更换家纺饰品已经成为他们的消费习惯。

在我国,家纺配饰市场也正在逐渐形成,在每年的中国(上海)国际家用纺织品及辅料博览会上,家纺配饰参展厂家及产品呈递增趋势,在整个家纺行业中占有重要一席。在东北的辽南、南方的江浙及广东等地,家纺配饰业呈现出欣欣向荣的发展生机,小配饰已经开始占领大市场。在中国家纺行业协会的重视与支持下,家纺配饰产业取得了迅猛的发展,家纺配饰产品出口创汇已经在家用纺织品中占有一定的比重。在产品方面,从最初的主要以装饰带、饰物花边为主的单一特点,到如今的产品结构全面完善,家纺配饰产品的配套化达到了为家纺产品设计提供完整辅料的程度,同时也满足了消费者对居家环境设计的要求。

二、家纺配饰的发展趋势

家纺配饰在家纺产品中具有相对较高的附加值,随着人们物质生活水平及文化审美层次的不断提高,需求量呈逐年提高的态势。我国的家纺配饰产业虽然发展较晚,但发展速度相对较快,加之国外该行业由于劳动力成本等原因产生的外移趋势,因此在该方面具有一定的国际市场优势。随着经济的发展,人们消费水平的不断提高,我国城镇化的推进及旅游业的发展,必将带动家用纺织品的大发展,家纺配饰也必将随之具有广阔的发展前景。家纺配饰的发展可以从以下几方面得到体现。

(一)家纺配饰的高档化、系列化和配套化发展

家用纺织品的高档化、系列化和配套化促成了家纺配饰在该方面的配套发展。家纺配饰的高档化发展与人们的物质生活水平的提高息息相关,家居装饰水平的提高促成了家纺配饰的高档化发展趋势,家纺配饰的使用从无到有再到以配饰体现居住者的审美情趣,表现主人的艺术气质,高档化成为必然趋势。家纺配饰的高档化主要表现在产品的款式与材质上,该方面产品主要通过天然真丝等优质材质加上得体适宜的款式,相得益彰地表达和提升着家纺产品的文化内涵与艺术气息。家纺配饰的系列化和配套化主要体现在与家纺产品的配套方面,该方面配饰产品主要是通过色彩、纹理、款式及材质得以体现。如在卧室等私密空间,床上用品、窗帘要求系列、配套化,从而必然要求家纺配饰的系列、配套化;公共空间的配套化、系列化就显得更加重要了,在沙发、窗帘、墙饰等方面,在色调、图案上应彼此呼应、系列化。

（二）艺术特性的发展

家纺配饰属于装饰品范畴。艺术是对生活的提炼,艺术具有表现现实,启示人生,平衡心态的作用。在竞争日益激烈的现实社会中,提升居住环境的艺术氛围,使人放松自由,在激烈竞争中获得身心缓和与精神休憩,这成为人们对居住环境的根本要求。家用纺织品则是这一使命的重要承担者,而家纺配饰的使用活跃了居家气氛,提升了家用纺织品的艺术气质,必然成为今后发展的趋势。

（三）家纺配饰材料的多样化

从纺织品的角度出发,多原料的混合使用,能使各种原料互相取长补短,发挥各种纤维原料的优势。如在家纺配饰的绳、带产品中利用原料的不同性能,使其表现出不同的纹理及外观特征,可丰富产品的使用功能。然而,近年来,家纺配饰材料的多样化发展趋势已经突破了纺织材料的范畴,更多的非纺织材料在家纺配饰产品中被大量采用,家纺配饰利用这些非纺织材料,丰富了产品的种类,提升了产品的档次。这些非纺织材料包括各种塑料制品、金属制品、水晶、木制品等。

（四）加工方法的多样化

家纺配饰产品起初的加工方法主要为手工制作,随着产品的推陈出新和生产技术的进步,其加工方法也在发生着变化,加工方法的多样化主要体现在以下几个方面。

（1）由于纺织加工设备的不断推陈出新,使得家纺配饰生产可借助的生产设备种类多样,因此,同一类型的家纺配饰产品可以采用多种加工方法完成。如加工家纺装饰带可采用无梭织带机、有梭织带机及钩编机等。

（2）随着家纺配饰产品的不断更新,其他非纺织加工技术也被借鉴到家纺配饰的加工领域。如借助绳缆包覆技术进行的编织绳和包覆木球、木珠等。这种借助其他领域的加工方法,将随着家纺配饰产品的不断发展而被越来越多地采用。

（3）由于家纺配饰产品的复杂性,同一件产品的完成包含了多种半成品的加工过程。这种成品与半成品的加工过程就包含了从手工到机械的各类加工方法,从降低成本及创造产品的独特性的角度出发,新的加工方法与技术手段会不断地涌现,这种趋势会随着家纺配饰行业的发展而越发明显。

第二章　家纺配饰设计概述

家纺配饰既属于纺织品也属于艺术品,具有装饰功能与实用功能的双重特征。因此家纺配饰产品的设计既不同于纯纺织品的设计,也不同于纯艺术品的设计,它的设计需要结合纺织品与艺术品的双重特点,属于一种全新的工业产品设计。在装饰功能与实用功能中,装饰功能是家纺配饰的首要功能,这是决定家纺配饰设计成败的重要因素。因此,家纺配饰的设计主要是从装饰功能设计开始的。

图2-1是家纺配饰设计的基本流程图。从图中可以看出,家纺配饰新产品开发是一个较为复杂的过程,它以市场信息、来样分析、可实施性讨论等为前提,具体的设计分为构思、预设计、试样或试销、设计调整、投产与销售几个步骤,设计的主要内容包括款式设计与色彩搭配设计、品种设计,品种设计主要包括原料选择、产品结构、产品规格及加工工艺等的设计。设计者必须掌握家纺配饰设计的理论知识,并以此作为产品设计的理论支持。同时,设计中还应把握住家纺配饰的产品发展特点,这些特点包括以下内容。

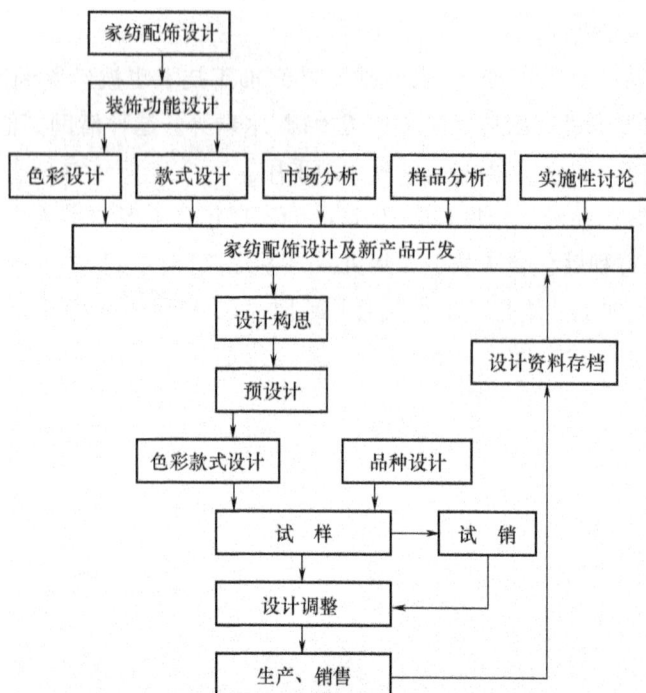

图 2-1　家纺配饰设计及产品开发流程图

(1)产品更新速度快。家纺配饰产品花色品种更新快,产品生命周期短,市场要求不断更新设计与生产,客户提出的产品,往往是在老产品的基础上附加一些新的要求,如款式、配色、原料搭配等的变化,设计者应根据客户的要求,不断以新原料、新技术、新设备来开发新产品。

(2)新、奇、特品种不断涌现。家纺配饰种类繁多,新产品不断涌现,往往一个想法、一种款式或一些色彩搭配上的变化,都会产生一种个性化很强,效果颇佳的新产品,很受客户青睐,有时甚至会领导一个新的潮流。

(3)多元化开发体现产品艺术装饰效果。家纺配饰的装饰功能主要表现在款式、色彩以及材料的变化上。款式的变化主要通过织造方法、选材的重新搭配及工艺手法技术等方面得以体现;色彩效果则主要与所配套的家纺产品主色调相适应;家纺配饰在材料的选择上除纺织材料外,其他一切具有装饰效果的材料均可用于产品的开发。产品的艺术装饰效果往往需要同时采用两种或多种装饰表现方式与加工技术。

第一节　家纺配饰设计方法概述

家纺配饰产品设计必须坚持艺术性、实用性及技术性相结合的原则,以此达到其装饰功能与实用功能的实现。因此,家纺配饰产品设计必须根据市场的变化,针对消费者的要求,结合技术上的可实施性,明确设计意图,制订和提出产品设计方案。

一、设计步骤

(一)产品构思阶段

构思是产品设计的准备阶段,构思首先从设计者掌握的各方面信息和各种情报资料开始。这些信息和资料包括消费者和用户的需要、市场信息、产品的流行趋势甚至是原材料的获得及当前价格等。通过这些信息,探寻产品的发展趋势,制订产品设计方案,明确产品设计方向及过程。值得注意的是,设计中除了要掌握市场及消费者的需要外,最为重要的是把握好配饰的艺术取向,即产品要实现怎样的装饰功能,将来要服务的对象及以后的应用场合等。同时,还必须对生产设备、生产技术及原材料的加工性能有充分的考虑,这样的构思才是完整的。

(二)产品设计阶段

家纺配饰产品设计是从预设计开始的。预设计是把一个成熟完整的构思设想,用产品的规格度量、原料组合、产品各部分的结构等全面地反映在设计图或设计表上的过程。此过程要集中思考解决产品设计中的技术问题,根据设计内容进行初步试制,以此验证构思设想的产品功能、产品效果等产品的整体风格特征,及时发现问题并修改完善设计的技术参数、结构组合等。经过预设计的样品交由用户或消费者确认,根据反馈意见,继续修改完善产品设计,最终确定小样,制订大样产品的生产方案。

(三)产品试制、定型阶段

产品的试制阶段是全面检验设计效果的阶段。一种全新的配饰产品是否能够达到预期的设计效果,必须经过产品试制进行全面的检验,对于生产过程中出现的问题,完善设计工艺参数,最终全面定型产品。

二、设计方法

家纺配饰产品的设计如同其他纺织品,同样可分为仿制、改进和创新三种方法。这三种方法在设计中是相互联系、相互依存的。

(一)仿制设计

仿制设计是家纺配饰产品设计中最基本、最常用的一种方法。仿制设计的原则是照样模仿,一般是根据用户提供的实物或图片样品进行产品仿制。

样品分析是进行产品仿制设计的依据。此过程要认真、严谨,充分了解样品的外观款式、色彩搭配、风格特征及用途,要抓住产品的主要特点对样品的原料组合、结构特征、外观尺寸进行剖析,尽可能使仿制品与原样相符。仿制设计中也应该贯彻仿制中有改进,仿制中有创新的精神,使产品有进一步的提高,使产品更加成熟完美。

(二)改进设计

改进产品设计,就是根据产品在消费者中的使用情况以及在生产中所反映出的问题,对原有产品或用户提供的样品进行改进的设计方法。任何产品都不是尽善尽美的,都需要有一个改进完善的过程。在改进设计中,应注意保留原有产品的精华部分,改进产品的不足。对于用户提出的改进意见,要根据用户提出的改进要求进行改进,最终使产品更加完善、精美。

改进设计的内容是多方面的,如配饰的色彩、外观款式、原材料的更新等。无论哪方面的改进设计,最终收到的效果应至少满足以下的一方面要求。

(1)提高产品的档次,提升产品的艺术特征。

(2)增强产品的外观效果,加强产品的装饰效果。

(3)合理使用原材料,降低产品成本。

(4)简化生产工艺流程,提高产品生产效率,提高产品质量。

(5)满足用户提出的特定要求。

(三)创新设计

创新设计是从无到有、全新的创造性设计过程,是进行新产品开发必需的设计过程。家纺配饰产品的创新设计可运用纺织新原料、新工艺、新技术,借鉴其他领域的产品加工方法,实现家纺配饰产品的更新换代,给人以赏心悦目的全新感觉,使产品具有新的风格特征,符合时代特色。

创新设计应抓住时代特征,有针对性地借鉴消化家纺配饰产品的设计精华,创造出独特的具有时代特征的新产品。创新设计对设计者有着较高的素质要求,设计者应在专业知识和专业技能方面、艺术修养和美学知识方面、心理学和市场营销方面以及人文知识方面乃至社会知识方面有一定的知识储备,才能开发出更多、更新、更美的家纺配饰产品。

第二节　家纺配饰功能设计要素及分析

一、装饰功能设计要素及分析

(一)款式设计

1. 款式设计要素分析

家纺配饰的款式与所修饰的主饰品风格相协调,才能起到应有的修饰作用,才能对所修饰的主饰品起到锦上添花的作用。家纺配饰款式设计应综合考虑各方面要素,主要包括材料要素、形成方法要素、市场要素等。

(1)材料要素。不同的家纺配饰原材料,表现出各自不同的外观属性,涉及最终产品的外观款式,诸如光泽、蓬松度、外观尺寸等。天然纤维之间、天然纤维与化学纤维之间以及纺织纤维材料与非纺织原材料之间,加工形成的家纺配饰款式形态各具特色。

合理地利用这些丰富的原材料,并配以各种变化的加工制作方法,可以开发出各具风貌的家纺配饰款式。例如,有光长丝纤维外观光泽明亮,而无光的短纤维制品则光泽柔和而多绒,可利用这些纤维原材料的不同外观特征,满足家纺配饰产品不同的要求。

(2)形成方法要素。材料的形成方法是影响配饰款式效果的另一要素。

常规纱线结构主要有单纱、股线,但由于纱线加捻捻度、捻向及股线的合股根数的不同,使得常规纱线有无捻单丝、低捻线、中捻线等多种变化,它们在外观光泽、手感蓬松度、收缩回弹性等方面各有特色。运用不同结构的常规纱线,可开发出不同外观款式的家纺配饰产品。

花式纱线以其特殊外形和特殊花色效应丰富了家纺配饰的外观款式变化。如异色股线、波浪线、轨道纱、包覆线(绳)、雪尼尔线等。花式纱线自身的装饰性很强,应用于家纺配饰中,或产生含蓄而多姿多彩的外观,或具有风格粗犷的质地效应,对于表现不同风格特征与款式的家纺配饰产品,都是非常重要的影响因素。

家纺配饰的形成方法主要有机织编织法和钩编编织法,两者在加工中由于组织结构、交织方式、经纬组合及色彩因素的配置变化,可产生各种不同的外观款式效果。

(3)市场要素。家纺配饰在某一时期内有自身的流行趋势,这种流行趋势在遵循着色彩变化的因素以外,款式的变化也是其中的重要方面。因此,款式设计开发必须是围绕市场进行的。市场的流行趋势,市场的审美倾向,都影响家纺配饰的款式变化。

2. 各类家纺配饰款式设计的要求

家纺配饰的款式千姿百态,丰富多彩。下面主要从家纺装饰绳、家纺装饰带、家纺花边、家纺饰物类等方面阐述其在款式设计时的基本要求。

(1)家纺装饰绳。家纺装饰绳的款式主要有两类,一类为由包覆绳经加捻以后形成的捻合装饰绳,另一类为各种花式纱线编织而成的编织装饰绳。两类装饰绳在款式上的不同主要体现在外观纹理方面。捻合装饰绳外观纹理粗犷大气、立体感较强,因此用于修饰家纺主饰品时,为了突出造型,体现主饰品的层次感、立体感时可选择相应的装饰绳款式,如家纺饰品上的较大面积图案造型设计、大型立体装饰品的滚边设计等。编织装饰绳外观则相对细腻、致密一些,对于要求体现精细类型风格的家用纺织品设计时可考虑使用。

(2)家纺装饰带。家纺装饰带的款式包含两个要素,其一是装饰带的形态特征;其二是装饰带织物的纹理效应。

家纺装饰带的形态根据其边部的外观形态主要有两种,即平边形态和曲边形态,选择哪一种形态,应视其所修饰的主饰品而定。平边形态装饰带即边部平齐的装饰带,该装饰带外观规矩典雅,一般用于家纺主饰品镶边。曲边装饰带为边部呈某种规则变化的装饰带,一般有犬牙形和波浪形两种,该装饰带外观跳跃活泼,通常被用作窗帘、沙发等的造型设计或相应的附件,起修饰和点缀的作用。

家纺装饰带的纹理设计主要指装饰带织物的织纹设计。它是由纱线交织成组织产生的织物纹理构成的。对于纹理设计的要求,在注重装饰功能的同时应结合产品的使用性能,设计出与主饰品装饰和使用风格相适合的纹理结构。如对于抱枕、靠垫等与人接触密切的家纺产品,使用的装饰带宜采用纹理细腻、柔和的产品;而对于窗帘、挂件等需要突出视觉效果的家纺产品,则宜采用纹理粗犷、跳跃的产品。

(3)家纺花边。家纺花边是在装饰带的基础上形成的,其款式的变化主要体现在装饰带以外部分的变化及两者之间的配合方面。

①缨边花边。该类产品随和自然,在款式设计时要注意装饰带与缨边的配合,要求缨边的长度应与装饰带协调统一,缨边的密度应均匀适度,缨边材料应流畅顺爽等。与主饰品之间应注意装饰风格的协调,款式应顺应主饰品的要求。

②饰物花边。该类产品外观美观大方,形式各异。在款式设计时应注意与主饰品的形式相协调,饰物排列形式应注意错落有致、疏密合理,避免形式呆板。饰物大小、规格、形式应与装饰带风格协调、特点突出。

③毛须边和绳辫花边。该类配饰产品主要用于家纺产品的边缘部分,设计中首先要满足装饰功能的要求,如外观形态、几何尺寸协调等,同时还须注意其实用功能的实现,产品款式应该或丰满或柔和或自然或随和。

(4)家纺饰物类。家纺饰物类为家纺配饰中的大类产品,具体包含的产品种类较多,在款式要求方面也不尽相同,但总体上应满足以下要求。

①款式应与环境设计的主格调相协调,以满足室内环境的整体风格要求。如室内环境为浪漫性主格调、庄重性主格调,还是现代性主格调、古典性主格调等,饰物的款式设计一定要与这种主格调相协调,才能真正起到修饰的作用。例如运用仿古注塑体设计的流苏产品可用于古典性主格调环境的装饰;水晶装饰体设计的流苏可用于现代性主格调环境的装饰等。

②家纺饰物自身的结构形态款式应协调统一。如流苏绑带的各组成部分之间,款式的变化多种多样。硬体部分的设计要求外观线条流畅,一般情况下,外形上小下大;须体部分款式多用穗的长短、丰满程度,以及其他小饰物点缀,设计中主要注意与硬体部分的呼应和协调配合。

(二)色彩设计

1. 色彩设计要素分析

在现代室内环境中,家用纺织品借助其花纹图案与色彩的效果,对于协调整个室内的风格基调起到了重要的作用,而家纺配饰又是其中重要的组成部分。家纺配饰的色彩应与所修饰的主饰品风格相协调,才能起到其应有的装饰效果。因此,家纺配饰色彩设计应综合考虑许多要素,如环境要素、材料结构要素、市场要素等。

(1)环境要素。环境要素包含两层含义:一是家纺配饰在主饰品中所处的环境及作用,二是家纺配饰在整个室内环境中的装饰作用。

室内环境的"形"与"色"直接刺激着人的视觉感官,使人产生生理和心理反应。人在不同的场所有着不同的生理、心理需要,这就要求环境有着不同的色彩装饰。家庭卧室、宾馆客房,一般要求温馨、亲切的气氛,因此,色彩也以温和、协调为主;而舞台、歌舞厅等娱乐场所,色彩则应跳跃一些,以表现一种欢乐、热烈的气氛。各类家纺配饰在室内环境中所起的作用、所处的装饰地位各有不同,使用的方法、形式也不同,因而它们的色彩设计的要求也不相同。以挂帷类的窗帘为例,窗帘上的配饰主要在边缘处,在窗帘上所占的比例并不大,其图案色彩不构成窗帘的主体。由于窗帘是室内与室外交界处的装饰点,往往能够形成房间的一个视觉焦点,因而窗帘上的家纺配饰色彩则显得很重要,对窗帘在整个室内的装饰效果上起到修饰的作用。因此,好的窗帘配饰色彩设计,犹如名画的装裱,可以提升窗帘在整个室内的装饰效果,使其成为一道亮丽的风景线,从而使窗帘的装饰效果得以最大限度的体现。用于窗帘、幔帐等的流苏配饰,主要是起点缀环境、活跃室内气氛的作用,色彩上可稍微大胆。在保证与主饰品色彩相协调的前提下,流苏的色彩可活跃些,尽显其跳跃、活泼的装饰特点。

(2)材料要素。材料要素包括配饰的原材料、配饰结构、配饰形成方法等。

①配饰原材料包括纤维属性、细度、光泽、纱线线密度、捻并情况,花式线及包覆纱(绳)特点等。

例如,以有光纤维制成的家纺配饰配以丰富的色彩,则更显得华丽富贵,光彩夺人;而光泽柔和的短纤维家纺配饰产品则相对更强调稳重感;纤细的经线、纬线能更好地表现家纺配饰的细腻,线密度大的经线、纬线表现出家纺配饰的粗犷;以不同色彩或不同粗细的纱线排列制成的家纺配饰本身就有条格效应;捻度、捻向变化的纱线搭配,可产生隐条、隐格或立体效果。

②家纺配饰结构包括配饰的组织结构、编织方法等内容。

以家纺配饰中机织配饰和钩编配饰为例。机织配饰结构所表现出来的装饰效果主要靠经纬交织实现的,其外观效果主要以不同色彩的经浮长体现,同时以各种形式的缨边或饰边色彩体现其装饰性,因此,机织家纺配饰的色彩设计应主要考虑起花经纱与缨边纬纱的色彩组合。钩编配饰的装饰效果则主要以衬纬纱的不同形式和不同色彩体现,衬纬纱或波浪起伏或时隐时现,体现出钩编配饰的立体装饰效果。

(3)市场要素。家纺配饰的设计,从根本而言是服务于消费者的,也就是说,设计开发始终是围绕市场进行的。消费者的使用习俗、审美倾向、经济实力、社会地位等,都会影响他们对家纺配饰的品位和爱好。随着人们生活水平的不断提高,人们越来越感到,家用纺织品是一个整体的组合,家用纺织品是面料、配饰及其他饰品的精美组合,一个小小的摆设,配以合理的组配,才能形成一个整体格调协调统一的室内装饰亮点。现今的消费者更多地强调装饰的个性化、时尚化。因而就市场要素而言,家纺配饰的色彩设计主要应体现出系列化设计与配套设计两方面。

(4)方法要素。色彩的设计,是一个构思、取材、修缮的艺术加工过程。从设计者的设计方法来看,色彩设计无外乎借鉴与创新。这里应该强调的是,借鉴不是简单的描摹,而应在原有的风格基调上,赋予变化,增添新颖感和时代感;创新既是大胆的、前所未有的,也是规范的,设计出的作品应符合人们的审美共性。很多的创新作品,是在借鉴的基础上产生的。

2. 家纺配饰色彩设计的要求

(1)家纺装饰绳。家纺装饰绳色彩的设计应处于家纺饰品整体色彩的设计之中。装饰绳主要用于家纺饰品的滚边、造型及收束之用,是整个家纺饰品中的一个点,色彩设计应做到主次分明、醒目而不夺目。

(2)家纺装饰带类。装饰带类产品通常被用作窗帘、沙发、床上用品及其他家用纺织装饰品的饰品和附件,起修饰和点缀的作用,它可以直接使用,或加上饰物使用,对于提升相应产品的品位和档次,可以起到画龙点睛的作用。

由于装饰带占主饰品的面积较小,随主饰品的形体转折而变化,体现较强的立体效果和醒目的视觉印象,它可随主饰品陈设位置、方位等的变动而变动。总体而言其色彩起活跃、调节环境气氛的作用,因此,在室内装饰的总体配套中起着提升产品档次、活跃环境气氛的重要作用。

要注重装饰带与主饰品的色彩搭配,在色相、纯度、明度上不宜对比过大,整体效果应柔和雅丽,给人以温馨宁静之感。如装饰台布色彩宜浅淡,装饰带则应以清秀与洁净为主。

(3)家纺花边类。家纺花边类均以悬垂状使用,配饰呈有规律的曲折形态,具有起伏对比的韵律节奏,极富装饰性。为此色彩应淡雅宜人,以求得安宁、舒适的气氛与情调,过于热烈浓艳的色彩易给人带来烦躁不安的视觉印象与心理刺激,不宜采用。

家纺花边类产品因质地、用途的区别,色彩的配置也各有特色。薄型窗纱柔美轻盈,色彩淡雅,要注意配饰疏密组合的恰当运用,或以密衬疏或以疏衬密,通过透光的不同变化形成多层次的丰富效果;中厚窗帘、帷幔等装饰方法可多变,配饰色彩应以明丽优雅的浅色、中深色为主;厚型窗帘、帷幔等色彩多以沉稳富丽的绛红、墨绿、古铜色为主。

(4)家纺饰物类。家纺饰物类是配饰产品中的大类产品,色彩绚丽多姿。各式流苏产品是家纺产品中的佼佼者,可单独使用,也可与主饰品配套使用。其色彩设计与主饰品之间应和谐统一,总体而言,其色彩起活跃、调节环境气氛的作用。

二、实用功能设计要素及分析

家纺配饰除满足装饰功能的要求外,还应具有一定的实用功能。各类家纺配饰在装饰环境中所起的作用(即实用功能)主要有以下几种,下面分别介绍。

(1)悬垂性能。缨边配饰、吊穗等悬挂时应具有流畅的悬垂感,这是此类配饰外观视觉效应是否理想的重要标志,要求所设计的配饰饰品具有良好的悬垂性。良好悬垂性的实现主要通过材料的选择及材料的结构得以实现。例如,在纺织纤维当中,人造丝股线、蚕丝股线常被用作流苏饰品、缨边产品的纤维材料,就是因其良好的悬垂性能。在材料结构方面,纱线应满足一定的线密度要求,纱线太细悬垂性较差,因此相应产品选择的纱线线密度不能太细。

(2)尺寸保形性能。纺织材料悬挂使用一定时间后因自重导致尺寸伸长而影响整齐的程度称为垂延度。垂延度大,饰品的尺寸保形性就差,使用中容易变形。家纺配饰产品同样要求垂延度小,尺寸保形性好。垂延度与配饰产品选用的原料性能、纱线粗细、捻度大小、编织结构、产品密度等因素有关。合成纤维特别是涤纶、丙纶的垂延度小。天然纤维和人造纤维产品可通过后整理增强这一性能。

(3)耐晒性能。由于家纺配饰在使用过程中通常要长时间接触日光、空气,这就要求配饰具有良好的耐光色牢度和抗老化性能(窗帘帷幔上的配饰饰品的色牢度要求更高)。为使该类饰品具备良好的耐晒性,在纤维原料、染料及加工工艺等方面都需进行优化选择。

(4)卫生性能。家纺产品常年与空气接触,受温湿度、环境的影响,易受细菌侵蚀发生霉变,特别是床上用品,因此,饰品应具一定防霉抗菌性能。合成纤维在这方面的性能较优良,天然纤维(如棉、毛、丝、麻)和再生纤维素纤维产品可通过后整理增强这一性能。

(5)舒适性。舒适性主要体现在床上用品、靠垫等与人体接触的家纺饰品上,因此,要求该类饰品上的家纺配饰同样应具有质地柔软、回弹性好、吸散湿性好的特点。

第三节　家纺配饰品种设计

家纺配饰装饰功能与实用功能的实现是通过品种设计来完成的。品种设计决定了家纺配饰的外观风格和内在品质,要求品种设计应重视以下几个方面要求。

(1)家纺配饰品种设计要配合配饰的“装饰”要求。虽然家纺配饰的装饰功能主要是通过色彩和款式的设计来体现,但通过原料组合、结构等所产生的纹理效果、形态特征等,也是构成装饰功能的一个重要部分。

(2)家纺配饰品种设计还要考虑产品的实用功能要求。不同的家纺配饰由于其实用功能各不相同,因此提出不同的性能要求。如缨边花边、流苏等,较为强调悬垂性,因此品种设计中一定要突出这一点。

(3)现代装饰品种开发强调系列化、配套化开发,并要求向多用途、深化功能的方向拓展思路,家纺配饰产品遵循同样的设计思路。因此,品种设计要兼顾配套产品之间在原料选择、加工方法等方面的配合。

家纺配饰品种设计具体包括以下内容。

一、原料选择与设计

原料是构成家纺配饰产品的基础,原料的性能基本上决定了产品的性能,虽然加工方法在某些局部问题上可以进行改变或加强,但最终的产品性能还是由原料决定的。原料的档次必须与设计的产品档次或品位相当,应充分发挥原料的性能,做到物尽其用。用于家纺配饰设计的原料品种丰富多样,包括天然纤维、再生纤维素纤维、合成纤维,也包括常规纱线、各种花式纱线等,由于产品的多样性,家纺配饰产品原料甚至包括各种绳、带产品乃至某些非纺织类原料。

原料经过选择之后,大部分家纺配饰产品还要涉及对原料的二次设计,即对选择好的原料进行再加工和再组合。如利用常规纤维原料加工出绳带类原料等。具体的原料种类及设计将在第三章中介绍。

二、产品结构设计

配饰产品不同,配饰的结构设计也不相同。装饰带类配饰结构包括织物组织、织物密度、边部结构形式等。家纺花边类配饰结构除包括织物组织、织物密度外,还包括缨边或饰物的形式、密度等。而家纺饰物类产品已非织物类产品,它的结构设计主要是指饰物各组成部分的外观形态设计,例如流苏绑带类产品的造型外观结构、流苏部分的纱线结构、密度等。每一种设计方法都有其丰富的内容。机织物结构在家纺配饰产品中应用范围较广,织物结构也是体现产品设计思想的一个方面,机织物的组织结构变化多样,合理选择恰当的组织结构能加强设计的主题。例如,用于薄型窗帘的装饰带产品,采用平纹、小提花等组织结构,使得窗帘尽显细腻朴实的本色,装饰效果得以提升。而对于厚实厚重的窗帘,装饰带采用经二重、大提花的结构形式,结合色彩、材质的变化,可使窗帘的主格调得以加强。

三、规格设计

不同的家纺配饰产品,规格设计的内容也不同。机织类家纺配饰规格设计内容包括经纬组合、成品密度、成品幅宽、经纱根数、筘号计算及上机图等。钩编类家纺配饰规格设计包括经纬组合、成品密度、成品幅宽、机号选择、衬纬组织设计等。对于家纺饰物这种非织物类配饰的规格设计则主要是指其尺寸规格设计。例如,流苏绑带的规格设计主要包括束带绳的直径、长度及组合,中间硬体部分的几何尺寸,最下方须体即流苏的密度、长度等。

四、加工工艺设计

家纺配饰的加工工艺,应根据其类别、用途确定具体的设计工艺程序,工艺设计不但要考虑家纺配饰风格与总体格调相一致,实现装饰功能,而且还必须满足其实用功能的实现。将两者结合起来,选择最佳的工艺路线,获得产品设计的构思主体。加工工艺的不同,其工艺流程长短、难易也不同,加工工艺直接影响产品的成本,因此必须严格把握。

选择加工工艺总的原则是,在满足家纺配饰装饰功能和实用功能的前提下,以缩短工艺、简化工艺为基础,降低产品生产成本、提高产品竞争力。

第三章 家纺配饰原料的选择与设计

家纺配饰原料包括纺织原料和辅助原料。纺织原料通常包括不同结构和性能的纱线或不同形式的其他纤维集合体;辅助原料主要是指能够对家纺配饰产品的形成起辅助作用的各类材料,同时也包括那些能够提升家纺配饰装饰性的各类装饰材料。家纺配饰就是将这些材料结合在一起,通过必要的加工手段,赋予配饰产品以不同的纹理、款式、风格等。因此,以不同的原料为基础,应用不同的生产方法,使得家纺配饰产品千变万化。从这点来看,家纺配饰原料的选择与设计,对产品的设计来讲是十分重要的。家纺配饰原料分类见表3-1。

表3-1 家纺配饰原料分类

家纺配饰原料	纺织原料	常规纱线:各类短纤维纱线、长丝纤维、长丝股线等	
		花式纱线:各类常见的花式纱线,如雪尼尔纱、金银线、轨道纱等	
		经过再加工的装饰绳、带:如工艺装饰绳、包覆绳、小针筒带子线等	
	辅助原料	饰品类	木质饰品:木珠、木球等
			水晶饰品:亚克力珠子、水晶珠子等
			其他饰品:树脂模等
		辅料类	木质辅料:木模、木球等
			塑料辅料
			其他辅料

第一节 家纺配饰的原料选择

一、纺织原料

(一)常规纱线

1. 棉纤维纱线

棉纤维具有优良的服用性能、良好的强度和一定的耐磨牢度,物理化学性能也较好。棉纤维吸湿透气,耐气候性较好,抗光老化性能优良,且使用中没有静电和起球现象,手感舒适。作为家纺配饰原料,棉纤维的光泽较为暗淡,但光泽自然柔和,棉纤维弹性与回弹性稍差。棉纤维纱线主要用于生产与人体直接接触的产品,如床上用品的绳辫花边,各种套、垫、枕用品上的毛须边等。在体现家居环境自然朴实的装饰特征时,使用棉纤维制品可以较好地体现这一点。

棉纤维纱线可用于织制各种纺织制品。棉纱线在家纺配饰制品中常用的规格有:负

58.3tex（负10英支）、97.2 tex（6英支）、58.3tex（10英支）、27.8tex（21英支）、32.4tex（18英支）。主要用于包覆绳的包芯纱（负58.3tex），各种机织装饰带的经纬纱，以及毛须边、装饰绳及棉包覆绳等的原料。

2. 麻纤维纱线

麻纤维强度高、吸湿性好、不霉变，具有质朴、粗犷的装饰风格。

黄麻纤维粗且短，可用于纺制线密度较大的纱线，作为流苏、毛须边及装饰带起花经纱等，可赋予家纺配饰产品仿古的风格特征；苎麻、亚麻纤维长度较长、细度较细，可纺制线密度较小的纱线，作为床上用品、窗帘的配饰原料，如绳绎花边、毛须边、装饰绳等，可使饰品体现出自然朴素的风格特征。

3. 蚕丝

（1）桑蚕丝。桑蚕丝纤维呈长丝状态，表面光洁，色泽自然，手感滑爽，吸湿透气。桑蚕丝种类很多，外观与性能也有差异，因而可根据具体的产品选择不同的蚕丝材料。用于家纺配饰原料的桑蚕丝主要为厂丝。常用厂丝线密度主要为22.2/24.4dtex（20/22旦）、30/32.3dtex（27/29旦）等。使用中多将数根厂丝合并捻合为股线，主要用于生产高档家纺配饰，如各种流苏饰品、高档提花装饰带等。此外绢丝与䌷丝也可用于家纺配饰原料，二者具有光泽自然、柔和、手感好的特点，可用作流苏、毛须边等的原料。绢丝常用的线密度规格有83.3dtex×2（120公支/2）、100dtex×2（100公支/2）、166.7dtex×2（60公支/2）等。䌷丝常用的线密度规格有333dtex（30公支）、370dtex（27公支）、400dtex（25公支）、500dtex（20公支）588dtex（17公支）等。

（2）柞蚕丝。作为蚕丝的另一个品种，柞蚕丝同样为家纺配饰选用的高档原料。柞蚕丝本色呈淡黄或黄褐色，光泽自然柔和，具有蛋白纤维优良的服用舒适性，作为家纺配饰原料，可使饰品体现出厚重、粗犷的风格特征。家纺配饰原料常用的柞蚕丝有水槽丝、柞绢丝、柞䌷丝等。水槽丝常用的线密度规格有44.4/49.95dtex（40/45旦）、72.15/77.7dtex（65/70旦）、99.9/105.45dtex（90/95旦）、166.5/177.5dtex（150/165旦）等。柞绢丝常用的线密度规格有83.33dtex×2（120公支/2）、147.06dtex×2（68公支/2）、500dtex×2（20公支/2）、555.56dtex×2（18公支/2）等。柞䌷丝常用的线密度规格有250dtex×2（40公支/2）、333.33dtex×2（30公支/2）、454.55dtex×2（22公支/2）、555.56dtex×2（18公支/2）等。

4. 黏胶纤维纱线

（1）黏胶长丝。黏胶长丝分为有光黏胶丝、半光黏胶丝、无光黏胶丝。有光黏胶丝光泽明亮，吸色性能优良，可染出各种鲜艳的颜色，应用时，利用其色泽鲜艳、明亮的特点起点缀、修饰作用，是家纺配饰最常用的原料之一。黏胶丝一般可直接作为各种包覆球、装饰带起花经纱、包覆绳等的原料，并捻后也可用于流苏配饰、缨边配饰及包覆绳的原料。黏胶丝常用的线密度规格有133.2dtex（120旦）、166.5dtex（150旦）、333.3dtex（300旦）、500dtex（450旦）等。

（2）黏胶短纤维。黏胶短纤维俗称人造棉，可代替棉纤维作为家纺配饰原料使用。人造棉手感柔软、悬垂性好、易染色、质地柔软，多作为家纺装饰带的地经纱，同时可作为流苏配饰、毛须边等的原料。黏胶短纤维纱线在家纺配饰制品中常用的规格有59tex×2（10英支/2）、29.5tex×2（20英支/2）、19.7tex×2（30英支/2）等。

（3）涤纶长丝。普通涤纶长丝光泽柔和、手感柔软、强度高、保形性优良，耐日晒、耐摩擦，在家纺配饰产品中应用很广。普通涤纶长丝可作为各种包覆球、装饰带起花经纱、包覆绳等的原料，并捻后同样可用于流苏、缨边配饰及包覆绳的原料。涤纶长丝常用的线密度规格有133.3dtex（120旦）、149.85dtex（135旦）、166.5dtex（150旦）、333.3dtex（300旦）等。此外，涤纶网络丝常被用于钩编花边的地经纱，常用的规格为166.5dtex（150旦）、333.3dtex（300旦）等。用于钩编花边地经纱的还有涤纶单丝，涤纶单丝呈半透明状，可充分体现出钩编配饰地经纱不显现的特点。涤纶单丝还常用于包覆绳产品的芯线，利用其弹性好，弯曲时弧线过度自然的特点，使包覆绳在饰品中可以体现出自然、优美的弧线。常用的涤纶单丝直径规格主要有 $\phi0.18 \sim 0.22mm$、$\phi0.4 \sim 0.5mm$ 等。

（4）腈纶。腈纶手感柔软舒适、纤维蓬松、耐气候性好、弹性良好、不折不皱、可染非常鲜艳的色彩，但光照色牢度稍差。腈纶的仿毛感很强，有"合成羊毛"之称。腈纶作为家纺配饰原料，可用于流苏配饰、缨边配饰、毛须边等饰品。常用的腈纶纱规格主要有 29.5tex×2、19.7tex×2 等。

（5）锦纶。锦纶强力高、弹性好、手感柔软、耐磨性好、易染色。常用于家纺配饰的锦纶长丝，利用其强力高、弹性好的特点，多用于钩编配饰的地经纱，此时，锦纶长丝可染成各色使用。常用的锦纶长丝的线密度规格主要有 133.3dtex（120旦）、166.5dtex（150旦）、333.3dtex（300旦）等。

（二）花式纱线

花式纱线是指在成纱过程中采用不同原料，利用特种设备、特种工艺，对纤维或纱线进行特种加工，得到具有特殊结构和外观效果的、绚丽多彩的纱线。花式纱线所具有的特殊外观形态与色彩，是普通纱线无法比拟的。

花式纱线种类繁多，由于其装饰性强的特点，较多地用于家纺配饰中。风格各异、五彩缤纷的花式纱线，为家纺配饰的装饰性锦上添花。

用于家纺配饰的花式纱线主要有以下几类。

（1）雪尼尔纱。雪尼尔纱又称作"绳绒纱"，其外观就像一根表面布满了绒毛的绳子。它是由芯纱和绒毛纱组成的，芯纱一般用两根强力较高的棉合股线、涤/棉股线或腈纶线，绒纱的原料通常为棉、毛、腈纶、涤/棉及蚕丝等。用蚕丝生产的雪尼尔纱也称作"丝绒纱"。雪尼尔纱的绒毛丰满、纱条圆润，用它制成的家纺配饰饰品美观别致、独具韵味。雪尼尔纱常用的线密度规格主要为455tex（2.2公支）和222tex（4.5公支）两种。

（2）金银线。金银线是采用聚酯薄膜为基材，运用真空镀膜技术，在其表面镀上一层铝箔，再覆以颜色涂料层与保护层，切割成细条，加工而形成金银线。涂覆的颜色不同，可获得金线、银线、变色线及五彩金线等多种品种。

金银线厚度一般为 $12 \sim 25\mu m$，宽度为 $0.25 \sim 0.36mm$，1kg 的长度为 $7 \sim 14km$。其在家纺配饰中主要用作饰纱，如装饰绳表面的饰纱，装饰带及花边产品的起花纱等。

采用特殊的方法加捻金银丝与其他的化纤长丝，可以获得金银丝花色线。在家纺配饰产品中，常用的稀捻线就是其中的一种，此类花色线是用一根金银丝和一根或多根化纤长丝加捻而成。金银丝在其中呈一定节距出现，使之呈现分散性的闪光点，在光线下似繁星点点，别具一格。

（3）钩编花式纱。钩编花式纱是采用经编衬纬的原理，以黏胶长丝、涤纶长丝、锦纶长丝、棉纱、腈纶纱及锦纶亮片等为原料，在高性能花式纱线钩编机上生产形成的。钩编花式纱除了具备传统花式纱的各种性能之外，还具有外观新颖、不脱圈、不脱毛等特点。可成纱后染色，也可用色纱直接生产。当经、纬纱采用不同的原料或色彩时，会呈现出特殊的外观效果。由于钩编花式纱的外观非常光亮，用其制作的家纺配饰鲜艳夺目，光彩照人。图 3－1 为常用的轨道纱、蝴蝶纱等。

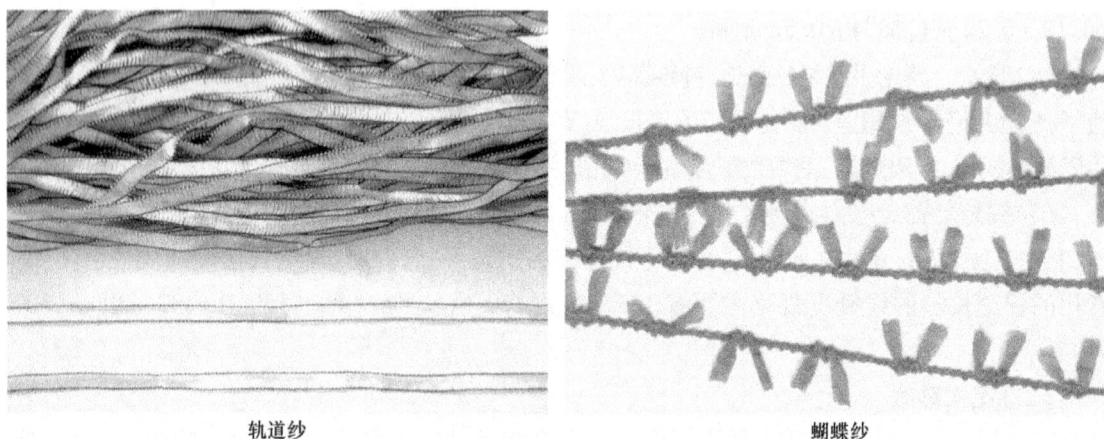

轨道纱　　　　　　　　　　　　　蝴蝶纱

图 3－1　几种常用的钩编花式纱

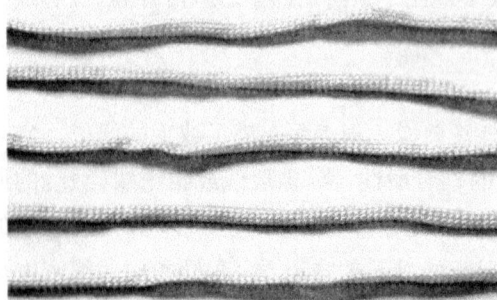

图 3－2　小针筒带子线

（4）小针筒带子线。小针筒带子线由小针筒织带机加工而得名，也称作编织带。小针筒织带机与织袜机相似，属于纬编，它是只由一组纬纱做成的空心管状带，与日常用的鞋带相似（图 3－2）。由于其属于纬编织物，所以手感非常柔软。小针筒带子线使用的原料很广泛，可用有光黏胶丝、有光涤纶丝、锦纶长丝，也可用黏棉纱、腈纶纱等短纤纱。它最多为 12 针，也可用 2 针、4 针、6 针、8 针等做成不同粗细、不同稀密的带子。在家纺配饰中可用于毛须边配饰、钩编配饰及流苏配饰等。

二、辅助原料

为了体现产品的装饰特性，家纺配饰设计往往不局限于纺织原料的使用，其他装饰饰品或物品也可用于家纺配饰产品的设计中。辅助原料是家纺配饰原材料的重要组成部分，如果说纺织原料是家纺配饰产品的软材料，则辅助原料就是家纺配饰产品的硬材料。可以说这些硬材料最终为软材料性能的发挥起到了辅助与支撑的作用,并且正是两种材料的巧妙组合,才促使了家纺配饰产品的最终形成。

(一)装饰饰品

(1)水晶饰品。水晶是家纺配饰设计中常用的一大类饰品,包括亚克力珠子、水晶珠子等,如图3-3所示。其常被用于饰物花边、流苏等配饰产品中,起到夺目、华丽的装饰效果。

图3-3 水晶饰品

(2)木质饰品。其包括各种形状的木珠、木球等,如图3-4所示。常用于饰物花边、流苏等配饰产品中,可以起到自然、质朴的装饰效果。若以各种色彩的喷漆装饰则显示出别样的装饰效果。

图3-4 木质饰品

（3）金属饰品。其包括金属镂空饰品、金属链、金属珠、金属环等,如图3－5所示。镂空饰品常用作流苏绑带产品中的硬体部分;金属链、金属珠等饰品用作花边的吊挂饰品部分,这些金属饰品可使相应产品体现出古朴自然的装饰风格。

图3－5　金属饰品

（4）其他饰品。除以上几类饰品外,用于家纺配饰的饰品还包括树脂模、贝壳、羽毛、钻带等。

（二）辅料类

辅料是指在家纺配饰成形中起支撑辅助作用的材料。其与装饰饰品的区别在于,装饰饰品最终为整个产品外观表现的一部分,而支撑辅料则是在产品成形中起填充、连接等辅助的作用,最终在产品的外观上并不暴露的部分。

（1）木质辅料。木模、木球等是流苏产品常用的辅料,以纺织纱线、长丝、装饰绳等包覆,便形成了具有装饰性的装饰体。木质辅料常用于中高档流苏及花边产品中。

（2）塑料辅料。与木质辅料的作用相同,塑料辅料同样是纺织装饰材料的支撑体,出于节约木材的考虑,可以以塑料代替木质品。由于塑料辅料质量较轻,因此形成的装饰体缺乏沉重感,常用于低档流苏产品中。

(3)其他辅料。为了产品成形方便,金属丝、各种胶类也是家纺配饰产品开发加工中常用的辅料。

三、原料选择与使用的原则

(1)有利于提升饰品的装饰效果。原料的选用与搭配是实现家纺配饰装饰效果的一种手段。而家纺配饰的装饰效果是使产品在市场上取得立足之地的最重要的一个方面。它是通过饰品的色彩、纹理、风格、质地、手感等方面来体现的,如利用材料色彩的变化,利用材料光泽的变化等。

(2)充分发挥各种材料的优良性能。各种材料的性能不一,各有优缺点。为了取得良好的设计效果,必须充分利用好材料的特点属性,取长补短,使材料在最终产品中各尽其能。这一点应是产品设计的重点考虑内容之一。

(3)有利于生产的顺利进行。原材料的选择必须考虑生产工艺能否顺利进行,否则材料的特点属性再好,无法进行生产也是徒劳的。

第二节 家纺配饰的原料设计

家纺配饰用原材料除市场提供的现有原料外,还要根据设计的需要和意图,将各种规格的常规纺织原料加工成所需要的特定结构和形式,即进行纺织原料的线型设计。以下对家纺配饰设计中常见的几种线型设计进行介绍。

一、长丝股线

在家纺配饰设计与生产中,长丝股线的不同之处主要体现在流苏产品上,因为流苏产品对成为须体后的股线外观形态有一定的要求。这些要求包括以下内容。

(1)股线的捻纹应自然、美观、稳定,外观要富有光泽、蓬松柔软、活络且悬垂性能良好。

(2)剪口处捻结稳定、不散口。对于这样的要求,流苏用长丝股线应在外观符合装饰要求的前提下,选择合理的捻度配合,以此确保捻度的稳定。

流苏用长丝股线的加工流程为:原丝→捻丝→并捻→热定形→摇纱→染色→流苏用股线。

除选用恰当的原料和一定的染整处理之外,捻并中股线加捻工艺的合理与否,将是影响股线成为须体后外观形态是否稳定的关键。根据生产实践,在股线的两次加捻中,若采用初捻小、复捻大的配合,则在散口表现及捻纹方面效果较差。而初捻大时,复捻无论大或小,散口表现都相对较好。若初捻、复捻较大时,虽然散口表现好,但股丝在光泽、蓬松及活络方面却相对差些,比较起来,初捻大、复捻小的股丝在这些方面则要好些。因此,选择初捻大、复捻小的配合为流苏股线的捻并工艺。具体工艺根据纤维原料的不同而略有差异。

有光黏胶丝股线是流苏产品常用的线型,捻并工艺应有助于体现原料光泽明亮、材质活络、悬垂性好的特点。表 3 – 2 为有光黏胶长丝流苏用股线线型及捻并工艺。

表 3 – 2　有光黏胶长丝流苏用股线线型及捻并工艺

黏胶原丝 [dtex(旦)]	线型(dtex)	初捻(捻/m)	复捻(捻/m)
333.3(300)	333.3×3	380～410	290～330
333.3(300)	333.3×4	380～410	270～310
500(450)	500×3	360～390	250～280

桑丝股线常用于高档流苏产品,桑丝股线光泽自然、柔和,捻纹粗犷、明显,材质活络、顺柔。表 3 – 3 为流苏用桑丝股线线型及捻并工艺。初捻加工过程中,由于合股根数较多,加工过于繁杂,可先行少股弱捻合并后再行合并,可简化初捻过程。

表 3 – 3　流苏用桑丝股线线型及捻并工艺

黏胶原丝 [dtex(旦)]	线型(dtex)	初捻(捻/m)	复捻(捻/m)
22.2/24.4(20/22)	(22.2/24.4)×18×3	370～400	280～320
22.2/24.4(20/22)	(22.2/24.4)×18×4	370～400	260～300
30/32.3(27/29)	(30/32.3)×18×3	330～360	220～260

涤纶长丝股线为低档流苏用股线,考虑捻纹和光泽因素,实际生产中捻并工艺较黏胶长丝股线略低。涤纶长丝股线线型及捻并工艺见表 3 – 4。

表 3 – 4　涤纶长丝股线线型及捻并工艺

黏胶原丝 [dtex(旦)]	线型(dtex)	初捻(捻/m)	复捻(捻/m)
333.3(300)	333.3×3	370～400	280～320
333.3(300)	333.3×4	370～400	270～300

由于流苏用股线均需染色后使用,因此可简化捻并后的股线定形工艺,一般可采用温度为 100℃,气压为 253.3kPa,时间为 45min 的高温、高压定形工艺即可。

二、钩编花式纱

利用钩编技术生产的钩编花式纱,是花式纱中极具装饰性的产品,具有外观新颖、不脱圈、不脱毛等特点,而且在生产中变换花色品种方便简捷,广泛地应用于家用纺织品的开发,其产品深受消费者的青睐。

(一)钩编花式纱种类

钩编花式纱品种繁多,变化方式多种多样,常见的有轨道纱、蜈蚣纱、牙刷纱、蝴蝶纱等。但无论外观如何变化,其归结起来可分为以下四大类型。

(1)圈圈纱。以一组地经纱和一组衬纬纱编链为纱的主干(也可加入一组固结纱),衬纬纱呈连续式或间断式突出形成圈环,常以多股弹力丝为衬纬纱,以使圈圈收缩形成如圈环状外观等,如图3-6所示。

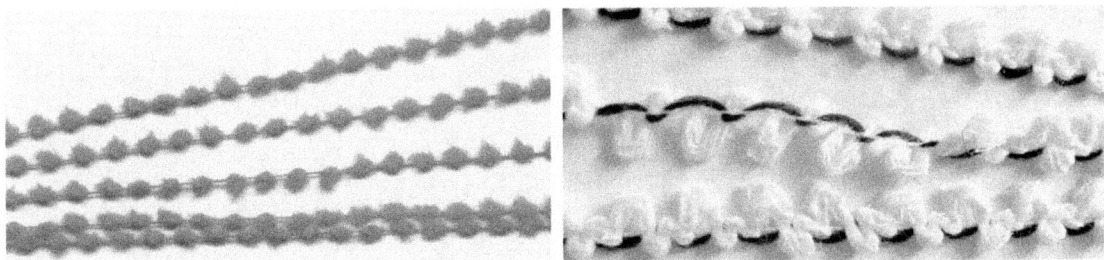

图3-6 圈圈纱

(2)带子纱。两侧以地经纱编链封闭,中间以衬纬纱连接,呈带子状外观,有连续式、间断式、色彩变换式等品种,如轨道纱等,如图3-7所示。

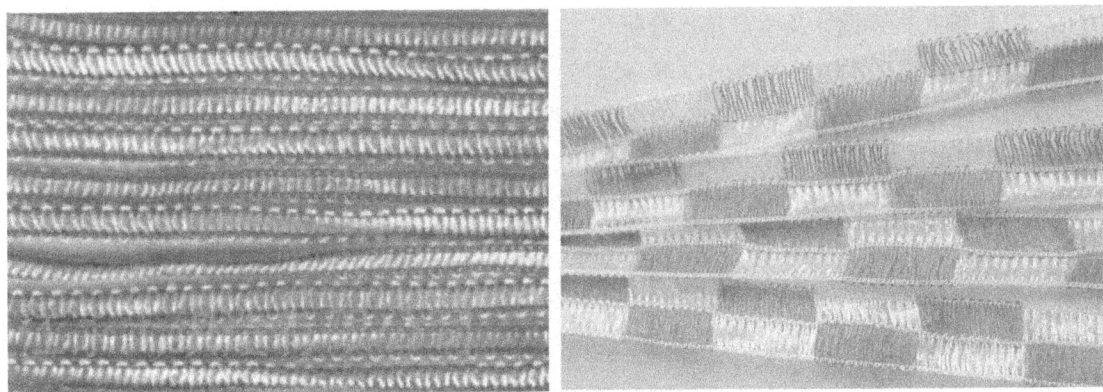

图3-7 带子纱

(3)羽毛纱。以地经纱编链衬纬纱,衬纬纱被割开后形成以地经编链为主干,割开的衬纬为羽毛状的外观。其分单面羽毛纱和双面羽毛纱两种,如单面羽毛纱的牙刷纱、睫毛纱;双面羽毛纱的松毛纱等,如图3-8所示。

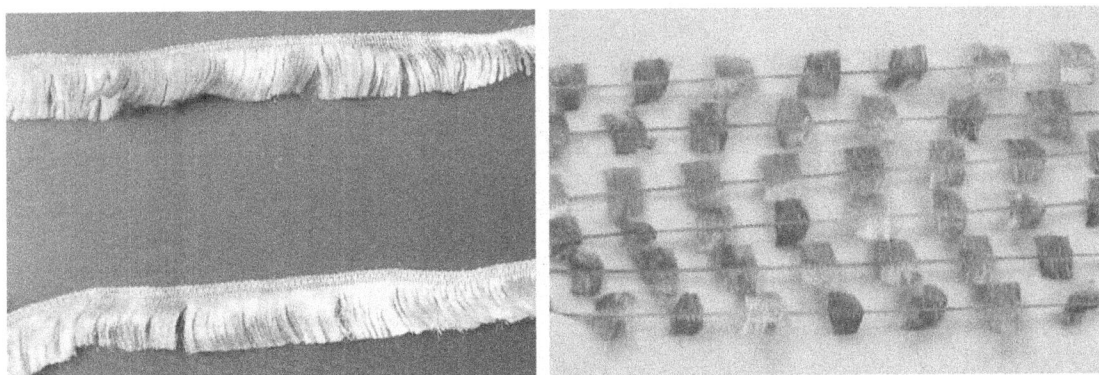

图3-8 羽毛纱

(4)斜毛纱。与羽毛纱相类似,只是羽毛相对于纱的主干形成了同一方向的倾斜角,形成斜毛状外观,如图3-9所示。

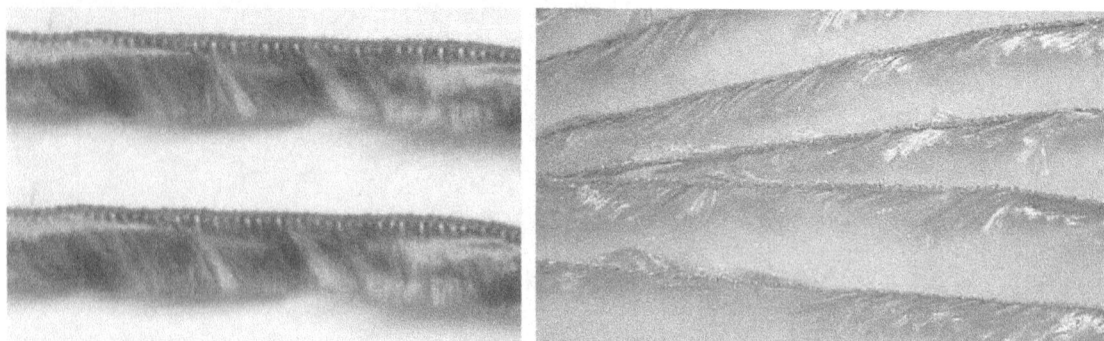

图3-9 斜毛纱

(二)钩编花式纱设计及生产技术分析

钩编花式纱是采用经编衬纬的原理,采用的设备为高性能花式纱线钩编机。在钩编机上,把经纱和衬纬纱按一定规律编织成经编衬纬的带子或片状织物,再将其衬纬纱切断或不采用切割的方法,形成条带花式纱。钩编花式纱由经纱形成其主干,衬纬纱作为装饰纱构成纱线表面的羽毛、纱圈及小花纹等。钩编花式纱的结构和外观可通过调节衬纬梳栉数及梳栉的运动规律来实现。同时,合理选择经纬纱的原料、细度、钩编纱圈的排列密度及运用不同的衬纬方式,编织出具有各种外观形态的钩编花式纱。

1. 设备参数及特点

用于生产钩编花式纱的钩编机机型较多,如WGE97-3型花式高速钩编机、WGE972型花式纱钩编机等。这些设备采用链块控制衬纬梳栉,具有前期准备工作简单、操作容易、产量高及品种变换方便等共同优点。其机号一般采用15针/25.4mm、18针/25.4mm、20针/25.4mm等,纬密通常在5~20根/cm范围内。以WGE97-3型花式高速钩编机为例,主要规格见表3-5。该设备具有自动润滑装置,同时具有变频调速、速度高、噪声低、操作方便的特点,是生产各类钩编花式纱,如羽毛纱、轨道纱等的主要机型。

表3-5 WGE97-3型花式高速钩编机规格

项目	参数	项目	参数
操作宽度(mm)	762	链块循环	12~50
机号(针/25.4mm)	15,18,20	地经送纱方式	积极式
衬纬梳栉(把)	2~6	衬纬送纱方式	消极式
纬密(根/cm)	5~20	功率(kW)	1.75
最高速度(r/min)	1500	筒子架容量(只)	300

2. 编织工艺

根据花式纱具体品种的差异,其钩编工艺也有所不同。

(1)圈圈纱。圈圈纱的加工,钩编机上须配有起圈装置,该装置包括起圈针(挡针)及起圈针控制机构。起圈针与经纱针都在针道板做前后运动,经纱针编链地经纱,起圈针使衬纬纱形成一定长度的圈环。为使形成的圈圈稳定,设计中常采用一组固结衬纬。

连续式圈圈纱编织上机工艺如下。

经梳垫纱数码为1—0/1—0//。

纬梳垫纱数码为0—N/N—0//。

固结衬纬数码为0—2/2—0//。

起圈针垫纱数码为0—2/2—0//。

经纱穿纱方式为1地经(N—3)空。

固结纬纱穿纱方式为1衬纬。

圈圈纬纱穿纱方式为1衬纬(N—3)空。

N值指梳栉横移针数,N值视圈圈纱的圈环大小而定,N值越大,圈环越长。

间断式圈圈纱的编织工艺如下。

经梳垫纱数码为1—0/1—0//。

纬梳梳栉垫纱数码为(0—N/N—0//)a次,(0—2/2—0//)b次。

起圈针垫纱数码为(0—2/2—0//)a次,(0—0/0—0//)b次。

a为衬纬纱起圈次数,b为衬纬纱缺圈次数,两者视圈圈纱间断状况而定。间断式圈圈纱其他编织工艺与连续式的相同。

(2)带子纱。带子纱的加工,钩编机无需特殊装置。带子纱也包括连续式带子纱和间断式带子纱。

连续式带子纱又称作轨道纱,编织工艺如下。

经梳垫纱数码为1—0/1—0//。

纬梳梳栉1垫纱数码为0—N/N—0//,纬梳梳栉2垫纱数码N—0/0—N//。

经纱穿纱方式为1地经(N—3)空1地经。

纬纱穿纱方式为1衬纬(N—3)空1衬纬。

N值视带子宽窄而定,N值越大,带子越宽。

间断式带子纱的编织工艺如下。

经梳垫纱数码为1—0/1—0//。

纬梳梳栉1垫纱数码为(0—N/N—0//)a次,(0—2/2—0//)b次。

纬梳梳栉2垫纱数码为(N—0/0—N//)a次,(2—0/0—2//)b次。

a为衬纬纱连接次数,b为衬纬纱缺失次数,两者视间断状况而定,间断式带子纱其他编织工艺与连续式的相同。

(3)羽毛纱。单面羽毛纱的加工工艺与带子纱的相同,只是在带子纱的基础上,将其从中间割开,形成羽毛纱。双面羽毛纱的加工工艺与圈圈纱和带子纱不同,它是将地经与衬纬编织成片状织物,然后将衬纬纱沿两地经编链中间割开形成羽毛。连续式羽毛纱编织工艺如下。

经梳梳栉垫纱数码为 1—0/1—0//。

纬梳 1 垫纱数码为 0—N/N—0//,纬梳 2 垫纱数码为 N—0/0—N//。

经纱穿纱方式为 1 地经(N—3)空。

纬纱穿纱方式为 1 衬纬(N—3)空。

N 值视羽毛长短而定,N 值越大,羽毛越长。

间断式羽毛纱的编织工艺如下。

经梳梳栉垫纱数码为 1—0/1—0//。

纬梳梳栉 1 垫纱数码为(0—N/N—0//)a 次,(0—2/2—0//)b 次。

纬梳梳栉 2 垫纱数码为(N—0/0—N//)a 次,(2—0/0—2//)b 次。

a 为衬纬纱连接次数,b 为衬纬纱缺失次数,两者视间断状况而定,经纬穿纱方式与连续式的相同。

(4)斜毛纱。斜毛纱的加工原理与单面羽毛纱基本相同,但为了保证切割后形成的两条斜毛纱上的羽毛倾斜效果相同,可采用舌针编织。为使两根编链经纱的编链方向对称,可将其中一根地经纱改用纬针喂入。

经梳垫纱数码为 1—0/1—0//。

纬梳 1(作经纱导纱针用)垫纱数码为 0—1/0—1//。

纬梳 2 垫纱数码为 0—N/N—0//。

纬梳 3 垫纱数码为 N—0/0—N//。

N 值决定羽毛的长短,N 值越大,羽毛越长。

3. 钩编花式纱原料的选择

原料的选择和使用是形成钩编花式纱不同外观效果的重要方面,某种程度上说,钩编花式纱之所以外观绚丽多姿,正是因为经纬纱,特别是衬纬纱的多样性所决定的。

(1)衬纬纱的选择。钩编花式纱所用衬纬纱原料种类繁多。从原料的角度看,黏胶长丝、涤纶长丝、锦纶长丝、棉纱、腈纶纱均可用于编织;从形式上看,各种化纤复丝、加捻丝乃至金银线等也可用于编织。采用长丝的线密度多为 13.3tex(120 旦)、16.7tex(150 旦)和 33.3tex(300 旦)等。

(2)地经纱选择。钩编花式纱的地经纱主要起编链纬纱的作用,必须以满足强力要求为主,因此多采用锦纶长丝或涤纶长丝,线密度多为 7.78tex(70 旦)、11tex(100 旦)和 13.3tex(120 旦)等。常见的原料配合及成纱效果见表 3-6。

表 3-6 钩编花式纱常用原料配合及成纱效果

类型	地经纱	衬纬纱	外观效果
圈圈纱	锦纶长丝或涤纶长丝	多股高弹锦纶长丝	乒乓纱、毛虫线
带子纱	锦纶长丝或涤纶长丝	锦纶三角丝、有光黏胶丝	轨道纱
羽毛纱	锦纶长丝或涤纶长丝	锦纶三角丝、有光黏胶丝	大羽毛、小羽毛、牙刷纱

续表

类型	地经纱	衬纬纱	外观效果
羽毛纱	锦纶长丝或涤纶长丝	装饰带	蝴蝶纱
羽毛纱	锦纶长丝或涤纶长丝	涤纶长丝加强捻（定形）	松毛纱
羽毛纱	锦纶长丝或涤纶长丝	黏/锦长丝股线（定形）	蜈蚣纱
斜毛纱	锦纶长丝或涤纶长丝	锦纶薄片扁丝、有光黏胶丝	斜毛蜈蚣纱

4. 垫纱角度

钩编花式纱生产多采用偏钩针，少量采用舌针。因此，地经纱在针前垫纱时，经纱需正好嵌入钩针的间隙中，即垫纱角度与钩针间隙倾角相同时才能实现垫纱成圈。

在生产实践过程中，地经纱由于受到衬纬纱横移的拉力作用，其垫纱角度往往发生改变，地经纱垫不进钩针的间隙中，垫纱运动不能实现，正常编织受阻。此时，若采取减小衬纬纱张力的方法，则会造成花式纱边部不整齐，外观受到影响。最好的措施是采取加大边经纱张力，结合微调导纱针在针间位置的方法，这样，可抵消边纱受衬纬纱横移拉力的影响，使垫纱角度得以保证，垫纱正常进行。

5. 纱线张力

钩编机的编织运动，衬纬纱属于消极间歇式输出，这就给衬纬纱的张力控制带来了一定的难度。

衬纬纱张力影响着花式纱边部的整齐度，对花式纱的宽窄及外观形态也有一定的影响。张力过小，花式纱边部不齐，或带子纱宽窄不一，羽毛纱羽毛长度不一致等；张力过大，则会影响垫纱角度，编织不能正常进行。因此，衬纬纱张力的控制，应以保证花式纱的外观为主，尽量保证衬纬纱的恒张力送出。地经纱为积极式输出，输出的速度应保证地经纱张力的控制，以满足垫纱角度为标准。适当增加经纱的张力，有利于衬纬密度的加大。

三、小针筒带子线

（一）小针筒带子线编织原理

小针筒带子线编织原理如图 3-10 所示。钩编运动有针筒回转织带和外壳回转织带两种情况。

当针筒由针筒回转轮 6 带动旋转时，舌针 3 在

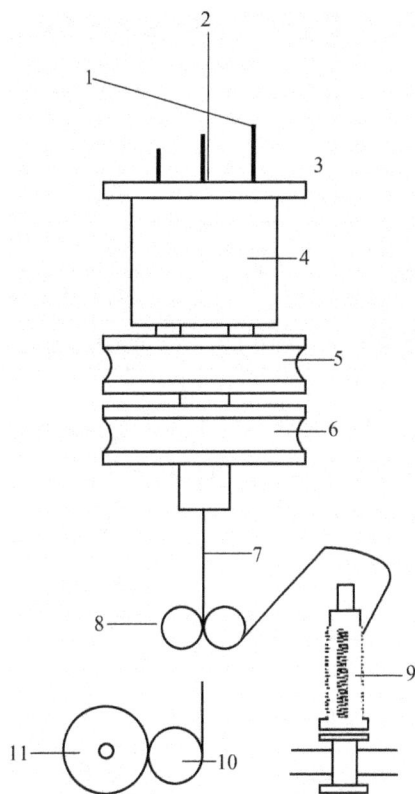

图 3-10　小针筒带子线编织原理
1—皮纱　2—芯纱　3—舌针　4—针筒外壳
5—外壳回转轮　6—针筒回转轮　7—带子线
8—输出罗拉　9、11—筒子　10—槽筒

外壳内的凸轮作用下作上下运动,舌针运动到最高点时钩住皮纱1,舌针运动到最低点时将钩住的皮纱套入舌针上旧线圈内并形成新线圈。这样的运动在针筒上的几根舌针上依次进行,编织形成的管状带子线将芯纱2包裹在内,从而形成具有皮芯结构的带子线7。由于针筒的回转使得形成的带子线产生了捻回,形成的带子线由输出罗拉8带动,经过导纱器卷绕到环锭筒子9上。由于环锭的转速与针筒的转速相同,所以筒子上卷绕的带子线能将针筒回转形成的捻回退尽,形成无捻回的包芯带子线。

当整个针筒由外壳回转轮5带动旋转时,针筒外壳旋转。此时,舌针无旋转而原地升降,皮纱在导纱器的带动下围绕针筒旋转与舌针间实现编织,这样的运动形式决定了带子线不能加入芯线,因此,编织的带子线为无芯带子线。此时,由于针筒无回转,因此,形成的带子线无捻回,带子线在槽筒10的作用下直接卷绕在筒子11上。

(二)小针筒带子线设计及生产技术分析

1. 设备主要技术参数及特征

目前,生产小针筒带子线的设备主要为KGB600-48型小针筒织带机,可以用针筒回转生产包芯带子线与空心带子线,也可以外壳回转生产空心带子线。

(1)技术参数。设备主要技术参数见表3-7。

表3-7 KGB600-48型小针筒织带机技术参数

项目	参数	项目	参数
锭数(针筒数)(锭)	48	钢领规格(mm)	边高25.4,内径122
针筒转速(r/min)	2000,2260,2500	升降动程(mm)	360
针筒针数(针)	3~12(更换针筒)	额定功率(kW)	5.24
织带速度(m/min)	0~35(无级调速)		

(2)技术特征。设备由小电动机单锭控制单独传动,用三级塔轮调换速度,具有操作方便、节省电力的特点。针筒内转与外转为一体,供生产中选择使用。产品成形有环锭筒子和槽筒筒子,可根据产品设计要求选用。输出罗拉为变频无级调速,能够适应不同密度带子线的生产。

2. 带子线设计

(1)空心带子线。家纺配饰产品使用的带子线多为空心带子线。空心带子线具有柔软、悬垂性能好的特点,可广泛应用于流苏、毛须边及缨边花边产品中。用于编织带子线的纱(丝)线,一般有黏胶长丝、黏胶丝股线、涤纶长丝、涤纶股线、黏胶纱等;采用长丝的线密度多为16.7tex(150旦)、27.8tex(250旦)和33.3tex(300旦)等。采用长丝股线的线密度为16.7tex×2(150旦×2)、27.8tex×2(250旦×2)、33.3tex×2(300旦×2)及33.3tex×3(300旦×3)等。采用黏胶纱的线密度主要为29.5tex×2(20/2英支)、19.7tex×2(30/2英支)等。其中,由于有光黏胶丝具有外观华丽、染色性好等优点,因而经常被用于生产家纺配饰所需的带子线。家纺配饰中常用的空心带子线常以4针、6针、8针和12针等针筒生产,因此相应的带子线常被称作四针带、六针带、八针带和十二针带。带子线粗细取决于对应的针数及编织纱线的线密度,带子线的成圈密度由输出速度决定。以家纺配饰中常用的33.3tex(300旦)有光黏胶丝编织的带子线为例,相应的带子线规格见表3-8。

表3-8　33.3tex(300旦)有光黏胶丝编织的带子线规格

针数	带子线宽度(mm)	带子线线圈密度(针/10cm)
4	2	90~110
6	3	90~110
8	4	90~110
12	5.5	90~110

注　带子线宽度是指筒状带子压扁后的宽度。

(2)包芯带子线。在带子线中加入芯纱即为包芯带子线,根据用途的不同,皮纱可密可疏,皮纱密实的带子线外观饱满、圆润;皮纱稀疏的带子线似芯纱外面包裹上一层半透明的网状管子,装饰性独特。在家纺配饰产品中常以较细的涤纶长丝或锦纶长丝为皮纱,以棉纱、黏胶纱等为芯纱,编织成外观细密、饱满圆润的带子线,带子线可用于手工编织产品的开发。常用的涤纶、锦纶皮纱线密度为13.3tex(120旦)、16.7tex(150旦)和33.3tex(300旦)等。针筒针数以8针、10针为主,带子线线圈密度以密实为主。生产包芯带子线必须采用针筒回转,环锭卷绕并退捻。若用外壳回转,则皮纱会绕到芯纱上使编织无法进行。

(3)圈圈线。圈圈线生产采用特制的针筒,与常规的针筒相比,圈圈线针筒为常规针筒的一半,即针筒一半为正常高度,一半则比正常高度低15mm左右。生产中,正常高度一半装有织针,而另一半只装一枚直针,针筒外壳回转时,纬纱转到直针处被直针挡住,转到有织针的一侧时纬纱由织针正常编织成管状带子,此时直针下降,纬纱从直针上滑下产生一个圈圈依附于织成的带子上而成为圈圈线。家纺配饰产品中可采用以黏胶纱生产的圈圈线用于毛须边的设计与生产。

(4)羽毛纱。与圈圈线的生产方法基本相同,只是将生产圈圈线时的直针更换为一把刀,当侧面为刀口的直针上下运动时,就把织入的纬纱割断形成羽毛。为使羽毛丰满,编织中可采用多股单纱为纬纱,同时减少正常织针的数量以使带子部分更细,生产中最少可用一枚织针和一枚刀口的直针编织羽毛纱。

3. 编织技术分析

小针筒带子线编织的关键是保证织针钩纱、退纱的正常进行,确保新旧纱圈间的连续圈套。

(1)纬纱进纱位置调整。无论是针筒回转还是外壳回转,导纱器位置与钩针上下运动配合得当是纬纱进纱位置调整的关键,导纱器必须将纬纱引导到恰当的位置才能保证织针钩编的正常进行。调整的方法是,旋转针筒(或外壳)使钩针与纬纱相遇时,纬纱向上不能高于织针,向下则要高于下翻针舌的针尖,如此才能保证当织针下降时,纬纱能够被喂入钩针。如果调整偏离上述区域,纬纱则不能正常编织。高于此区域时纬纱会漏钩;低于此区域,则织针下降时纬纱就会推动针舌上翻,从而导致钩针被盖住造成纬纱脱针。实际操作中,一般将纬纱与织针接触时的位置调整在针舌转轴处。

（2）织针高低位置调整。织针高低位置的调整关系到编织运动是否能够正常进行，是带子线生产正常进行的关键。当织针上升到最高位置时，旧线圈应滑移出针舌下端 1mm 左右，这样当织针下降时，旧线圈就会推动针舌上翻，盖住针钩内钩住的纬纱。织针继续下降，当织针降低到最低位置时，旧线圈必须从织针上顺利滑下，如此才能使钩针钩住的纬纱套入旧线圈中以便形成新线圈。在实际操作中，一般将此时织针顶端调整到与针筒口平齐位置，这样针筒口起到了挡板的作用，针筒口将旧线圈从织针上推出，织针上升，钩针内的纬纱产生新线圈。编织运动如此循环往复，从而生产出带子线。

（3）带子线输出速度调整。带子线输出速度决定了带子线的成圈密度，同时也提供了编织运动中新旧线圈交替圈套的张力，速度太慢，无法完成新旧线圈的替换，编织运动也就无法进行。实际操作中，应在满足正常编织的前提下调整带子线的成圈密度，输出速度快，成圈密度小，输出速度慢，则成圈密度大。

四、雪尼尔纱

（一）雪尼尔纱加工原理

雪尼尔纱也称作绳绒纱，属于特种花式纱线，可广泛地应用于家用纺织品中。雪尼尔纱的加工原理如图 3-11 所示。

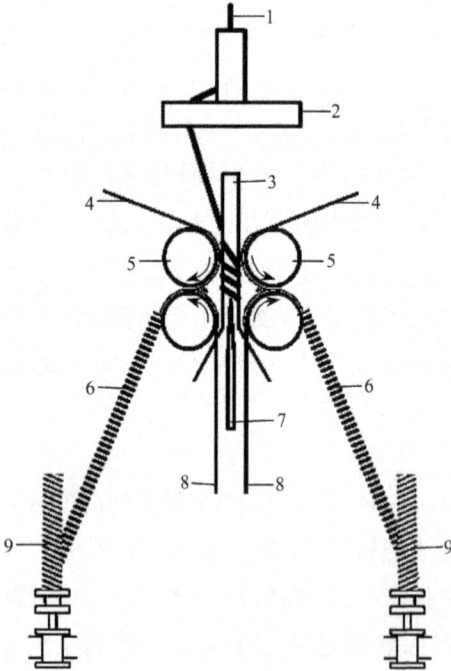

绒纱 1 经过高速回转头 2 将绒纱绕于隔距片 3 上。芯纱 4 与 8 由输送罗拉以一定的速度送出后，芯纱 4 绕过上导轮构成雪尼尔纱的表层芯纱，另一根芯纱 8 穿过隔距片中间的孔眼后绕过下导轮构成雪尼尔纱的底层芯纱。此时，绕在隔距片上的绒纱在导轮 5 的向下推动下被做前后运动的刀片 7 割断，被割断后的绒纱分向两边夹持在芯纱 4、8 之间。经过导轮时，绒毛在芯纱的夹持下紧靠于导轮表面上，同时由于上导轮表面的小沟槽及下导轮两侧的挡边，所以绒毛能在芯纱的夹持下前进而不散落。经过导轮后，由于环锭的回转使芯纱在被加捻的同时将片状绒毛夹紧，此时，绒毛四面散开成为绳绒状的雪尼尔纱 6，经过环锭筒子 9 的卷绕后，完成雪尼尔纱的加工。

（二）雪尼尔纱设计及生产技术分析

1. 设备主要技术参数及特征

生产雪尼尔纱的设备较多，现以 FB751B 型普通雪尼尔纱机为例介绍。其主要技术参数见表 3-9。

图 3-11 雪尼尔纱加工原理

1—绒纱 2—回转头 3—隔距片 4、8—芯纱

5—导轮 6—雪尼尔纱 7—刀片 9—筒子

表3-9 FB751B型普通雪尼尔纱机技术参数

项目	参数	项目	参数
锭数(锭)	24	锭速(r/min)	2120~2420
锭距(mm)	200	生产速度(m/min)	2.95~10.6
钢领规格(mm)	边高25.4,内径122	捻向	Z,S
升降全程(mm)	360	全机功率(kW)	6.97
适纺直径(mm)	3~5		

2. 雪尼尔纱设计

(1)雪尼尔纱绒毛宽度。绒毛宽度体现了雪尼尔纱的外观形态,不同的家纺配饰产品可选择相应的雪尼尔纱。雪尼尔纱绒毛宽度由隔距片的宽度决定,隔距片的规格有0.8mm、1mm、1.35mm、1.5mm、2mm、2.5mm、3mm、3.6mm等八种。绒毛的设计宽度为隔距片宽度+(1.1~1.3)mm。常用的雪尼尔纱绒毛宽度见表3-10。

表3-10 雪尼尔纱线密度与绒毛宽度对应表

线密度[tex(公支)]	绒毛宽度(mm)	线密度[tex(公支)]	绒毛宽度(mm)
400~500(2~2.5)	4.5	250~286(3.5~4)	3
333~400(2.5~3)	4	222~250(4~4.5)	2.5
286~333(3~3.5)	3.5		

(2)绒纱的选择。为使雪尼尔纱绒毛丰满,绒纱可选择腈纶纱、棉纱、涤棉纱等具有一定蓬松度的纱线,一般可采用16.7~25tex(40~60公支),而常用的为19.2~21.7tex(46~52公支)。选用的绒纱粗,则绒毛丰满,但雪尼尔纱手感较硬。

(3)绒毛密度。绒毛密度可用单位长度内绒纱的根数表示。绒毛密度由绒纱根数与单位长度内绒纱的束数决定,即绒毛密度为绒纱根数与束数的乘积。实际设计中绒纱根数可选择2~5根,单位长度内的绒纱束数选择8~10(束/cm)。

(4)芯纱的选择。芯纱的作用主要是握持绒纱,是纱线强力的主要承载者,所以应选择强力较好的纱线,同时又不能过于光滑。设计中主要采用短纤维纱,如棉纱、涤棉纱及腈纶纱等,纱线的线密度可选择19.2~21.7tex(46~52公支)。

(5)绒纱与芯纱的重量比选择。可在7:3、6:4及5:5中选择。

3. 生产技术分析

(1)芯纱的捻向配合。为使芯纱对绒纱形成良好的握持作用,同时又使形成的雪尼尔纱捻度较为稳定,生产中芯纱股线可采用与单纱同向的捻向进行合股,捻度在450~500捻/m之间。由于合股时的捻向与单纱捻向相同,使得股线具有较强的回弹力,如单纱为Z向捻,股线合股时也是Z向捻,在生产雪尼尔纱时采用S向捻,利用两根芯纱的回弹力,可形成对绒纱较强的握持力。同时,利用这种回弹力可使成纱捻度稳定,便于后续加工。

（2）绒毛束数调节。在一定的绒纱数下，绒毛束数决定了绒毛的密度。绒毛束数可通过调整回转头速度进行调节，回转头速度越高，绕在隔距片上的绒纱圈数越多，则绒毛就越密。

（3）捻度的调节。雪尼尔纱的捻度是由环锭速度决定的，因此，调整锭速可实现雪尼尔纱捻度的调节。

（4）刀片高度调节。刀片高度决定了雪尼尔纱的成纱质量。刀片高度过高就会过早地割断绒纱，导致芯纱难以夹住割断的绒纱而使绒纱散落；刀片高度过低则又使绒纱过迟被割断，导致绒纱上的部分纤维被导轮扯断，最终造成雪尼尔纱的绒毛不均匀。生产中必须严格调整刀片高度，确保成纱质量。

第四章　家纺装饰绳设计

家用纺织品设计经常采用装饰绳。家纺装饰绳作为家纺配饰中的重要一员,主要采用色彩变化、结构变化等方法赋予绳类产品以装饰性能。家纺装饰绳具有华丽、光滑、饱满的装饰特性,对于提升家用纺织品的装饰性能和使用性能必不可少。本章主要介绍家纺装饰绳的设计及产品开发。

第一节　家纺装饰绳的种类

一、按绳体结构分类

1. 捻合装饰绳

捻合装饰绳指采用加捻的方法将包覆绳及其他形式的线、绳等捻合而成的装饰绳。其中,包覆绳结构的捻合装饰绳是该类产品的主要形式。捻合装饰绳通过绳体的色彩、原料、捻向等的变化赋予产品以特殊的捻纹纹理和相应的装饰特性[图4-1(a)]。

2. 编织装饰绳

编织装饰绳指采用编织的方法将包覆绳及其他形式的线、绳等编织而成的装饰绳。其产品通过编织结构、原料构成、色彩配合等获得不同的绳体编织纹理变化,形成其独特的装饰性能[图4-1(b)]。

(a)捻合装饰绳　　　　　　　　　　　　　(b)编织装饰绳

图4-1　家纺装饰绳

二、按装饰绳的作用分类

1. 家纺配饰制作装饰绳

在家纺配饰制作过程中,用于流苏绑带等的装饰绳。对于家纺配饰而言,装饰绳为产品制作的半成品。

2. 绳编装饰绳

用于家用纺织品滚边的装饰绳。为了使用的方便,装饰绳通常与衬带缝合为绳编产品,如图4-2所示。

图4-2 用于滚边的绳编装饰绳

第二节 家纺包覆绳设计

无论是捻合装饰绳还是编织装饰绳,两者的设计及产品开发均离不开家纺包覆绳。家纺包覆绳是指采用纺织包覆技术加工而成的具有装饰效果的装饰绳。包覆绳采用饰纱包覆于芯纱之上,具有圆润、饱满、装饰效果强的特点。由于其几何尺寸远高于纱、线的范畴,因此被称作"绳"。

包覆绳通常以短纤维纱为芯纱,外包另一种长丝或短纤维纱。饰纱即外包纱(丝)按照螺旋的方式对芯纱进行包覆,与其他的纺织包覆纱产品不同,包覆绳作为一种家纺用半成品材料,其首要的功能是装饰功能,因而相应的品质要求,应是在满足内在品质要求的前提下格外强调外观性能。因此,包覆绳的整体形态应在不露芯的前提下,还要保证饰纱对芯纱有一定的包覆紧度,以保持包覆绳的圆润、饱满、光滑而又条干均匀的外观。同时,包覆绳还应保持适当的弹性和柔软性能,以满足后续加工和成品性能的需要。

根据包覆绳的加工过程,包覆绳加工有单根饰纱包覆与多根饰纱包覆两种方法,相应的产品通常被称作细包覆绳与粗包覆绳。细包覆绳主要用于装饰带的编织、家纺饰物的制作等。根据外观形态,细包覆绳又包括平包覆绳和花式包覆绳等。粗包覆绳主要用于捻合装饰绳的制作,由于其几何尺寸的增加,采用单根饰纱包覆比较困难,因此需要采用多根饰纱进行包覆加工。家纺包覆绳的加工,国内目前还没有定型设备,生产企业或借鉴包覆纱生产设备,或利用自制及改造设备进行包覆绳的生产加工,无论采用哪种方法,都可采用以下介绍的包覆原理进行。下面分别介绍两种加工方法及相应的加工工艺。

一、细包覆绳加工工艺

1. 细包覆绳包覆原理

细包覆绳的包覆原理如图4-3所示。空心包覆锭子3及饰纱筒子5由锭子驱动电动机4带动回转,饰纱筒子5上的饰纱由空心锭子的回转而被引出,与经芯纱张力调节装置1及空心锭子送出的芯纱2汇合完成包覆。形成的细包覆绳6在由引离电动机7带动的引离辊8上绕行后被引离包覆区,经导绳钩9引导后卷绕于有边筒子10上。有边筒子10由引离辊经皮带摩擦传动。

2. 包覆技术分析

(1)锭速。包覆绳包覆锭速与饰纱线密度有关。由于细包覆绳常用于装饰带和花边的编织及手工制作家纺饰物,因此要求必须有一定的包覆紧度。若包覆紧度达不到一定的要求,使用中饰纱与芯纱就会分离,造成漏芯而影响产品的外观。饰纱较细时,为保证包覆绳一定的包覆紧度,需要较高的包覆锭速;反之,饰纱较粗时,为避免包覆绳紧度过大则应降低包覆锭速。为了得到包覆锭速与饰纱线密度的对应关系,可分别采用不同线密度的饰纱进行包覆绳加工试验。

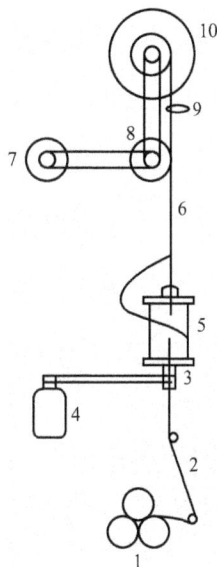

图4-3　细包覆绳包覆原理图

1—芯纱张力调节装置　2—芯纱　3—锭子
4—锭子驱动电动机　5—饰纱筒子　6—细包覆绳
7—引离电动机　8—引离辊　9—导绳钩　10—有边筒子

饰纱原料采用不同线密度的有光黏胶丝,芯纱原料采用58.3tex×2的棉纱线,包覆绳粗细为1mm。包覆绳质量评定在DHJSD-1型浆纱耐磨仪上进行,加压重锤为100g,以对折包覆绳往复运动10次,包覆绳不出现漏芯为准,此时的包覆锭速即为满足包覆要求的最低锭速。表4-1为实验采用的饰纱线密度与最低包覆锭速的对应关系。

表4-1　饰纱线密度与最低锭速的对应关系

饰纱线密度[tex(旦)]	锭速(r/min)	饰纱线密度[tex(旦)]	锭速(r/min)
16.7(150)	8800	66.7(600)	5280
27.8(250)	7600	83.3(750)	4800
33.3(300)	7200	100(900)	4500
50(450)	6400		

图4-4为两者的关系曲线,回归方程式为:

$$Y = 10357.020 - 108.029x + 0.459x^2$$

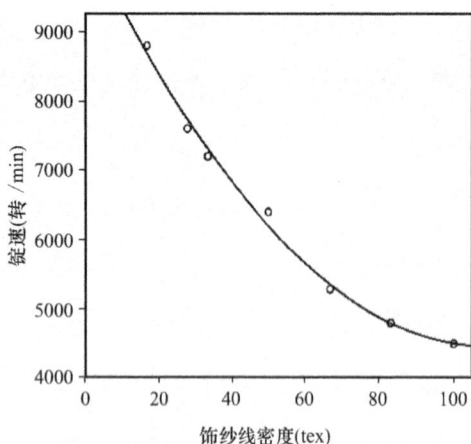

图 4 - 4 锭速与饰纱线密度关系图

式中:Y——锭速,r/min;

　　x——饰纱线密度,tex。

进一步试验发现,包覆绳在一定的粗细范围内,因粗细不同而引起的包覆绳包覆效果没有明显的差异。研究表明,恰当的包覆锭速可在最低锭速的基础上增加 200r/min。若锭速过快,则包覆绳过于硬挺、包覆效果差。考虑到包覆绳加工效率和包覆效果,包覆绳包覆中饰纱的线密度通常选择在 30 ~ 50tex,饰纱过细,包覆效率低;过粗则包覆效果差。因此,由回归方程及以上因素,包覆锭速可确定在 7730 ~ 6300r/min。考虑到包覆效果在一定的锭速范围内均能保证,为了加工方便,建议工艺配置(或设备改造时)将锭速设定为 7500r/min、6500r/min 两档,对应的饰纱线密度为 30 ~ 40tex 与 40 ~ 50tex。

(2)引离速度。包覆绳单位长度内饰纱的缠绕圈数为包覆度。引离速度直接影响包覆绳的包覆度。引离速度过快,包覆度过小,饰纱不能对芯纱形成完全包覆而使芯纱外漏;引离速度过慢,包覆度过大,饰纱重叠,造成包覆绳外观凸凹不平。只有恰当的引离速度配合相应的锭速,才能保证适当的包覆度,才能使饰纱排列均匀、密致,包覆绳圆润、光滑。

根据包覆度定义,包覆度为:

$$D = 1000/(d\eta)$$

式中:D——包覆度,圈/m;

　　η——饰纱重叠系数;

　　d——饰纱直径,mm。

根据锭速及包覆度,引离速度可为:

$$r = Y/D = \eta dY/1000 = \eta Y k_d \sqrt{N_t}/1000$$

式中:r——引离速度,m/min;

　　Y——锭速,r/min;

　　N_t——饰纱线密度;

　　k_d——纱线直径系数。

引离速度可按下式确定:

$$r = mY \sqrt{N_t}$$

m 为 η、k_d 合并及结合经验的包覆系数。无捻长丝饰纱 m 取 6×10^{-5},有捻纱线饰纱 m 取 4×10^{-5}。根据以上锭速及饰纱特数的选定范围,引离速度可在 1.4 ~ 3.3m/min 之间确定。由于包覆绳的引离涉及包覆质量,为方便调节,建议引离辊采用无级减速调速电动机驱动。

（3）饰纱筒子规格。饰纱筒子的规格与包覆质量和包覆加工的稳定与否有直接的关系。空筒与满筒直径差异过大，则空筒与满筒时包覆质量差异明显。为了整个包覆过程的平稳进行，经反复比较，饰纱筒子的尺寸规格确定为，空筒直径为35mm；满筒直径为85mm。同时，饰纱筒子高度不应过高，过高的饰纱筒子高度，同样也会造成包覆质量的不稳定。为了络纱方便，建议筒子容纱高度采用与普通有边络筒机筒管相同的高度，即85mm。

3. 花式包覆绳的加工方法

以上方法主要针对平包覆绳的加工，花式包覆绳则是在平包覆绳的基础上采用变化的加工手段，获得的具有不同外观风格、不同外观花色的包覆绳产品，包括绉包覆绳、花色包覆绳等。

花式包覆绳的加工原理如图4-5所示。采用双层包覆锭子进行两次包覆，通过内饰纱1及外饰纱2的不同材质、不同色彩及不同锭速的配合，即可获得不同外观效果的花式包覆绳。

绉包覆绳与平包覆绳相比，外观呈现出凸凹不平的状态。从其构成结构来说，内饰纱采用相对外饰纱较粗的纱线先行对芯纱进行包覆，经内饰纱包覆后的包覆绳，外观似螺纹线；外饰纱采用与平包覆绳相同规格的丝线进行包覆，经外饰纱包覆后的包覆绳，外观起伏呈起绉状态，因此被称作绉包覆绳。

实际生产中，内饰纱可采用50tex×3（450旦×3）或50tex×4（450旦×4）的加捻纱线，内饰纱锭速控制在2000r/min左右，外饰纱采用27.8~50tex（250~450旦）的黏胶长丝或涤纶长丝等，锭速可与平包覆绳的锭速相同，控制在7000r/min左右。

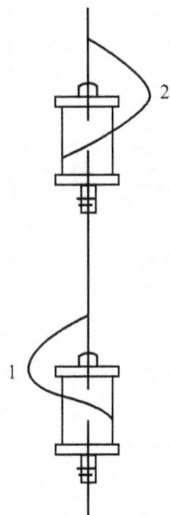

图4-5　花式包覆绳包覆原理
1—内饰纱　2—外饰纱

金银线绉包覆绳是在平包覆绳的基础上，将一根金线或银线以螺旋线的形式包覆于平包覆绳之上，以此提高包覆绳的装饰性。实际生产中，内饰纱及内饰纱锭速与平包覆绳相同时，外饰纱即金银线饰纱控制相对较低的锭速，锭速的高低取决于金银线螺旋线的疏密，螺旋线较密时锭速可高些，反之螺旋线疏时，锭速低些。

二、粗包覆绳加工工艺

1. 粗包覆绳包覆原理

包覆原理如图4-6所示。芯纱1穿过包覆圆盘2的中心，在包覆圆盘上围绕着芯纱的圆周分布着数个饰纱筒子3，当包覆圆盘做旋转运动时，饰纱筒子上的饰纱被拉出，完成对芯纱的螺旋形包缠，形成的包覆绳4在引离辊5的引离下离开包覆区，从而完成包覆运动形成粗包覆绳。离开引离辊的包覆绳经过引导后可卷绕于有边筒子上。为了使包覆绳包覆紧度不致过紧，实际加工中可在芯纱中伴入一根钢丝，钢丝下端固定，随着包覆绳的引离，钢丝从包覆绳中脱出从而起到空心作用。此外，钢丝还可起到稳定饰纱与芯纱包覆过程的作用。

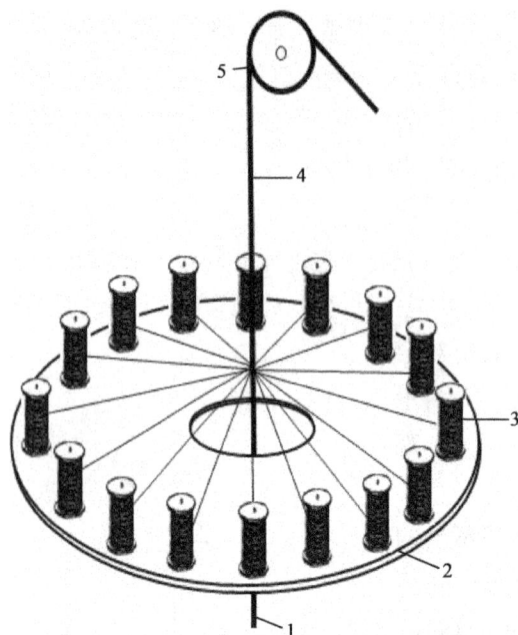

图4-6 粗包覆绳包覆原理图
1—芯纱 2—包覆圆盘 3—饰纱筒子
4—粗包覆绳 5—引离辊

2. 包覆技术分析

（1）包覆圆盘转速。包覆圆盘转速决定着粗包覆绳的包覆紧度及包覆平整度。由于粗包覆绳主要为捻合装饰绳的半成品，在后续的加工中还要进行加捻工序，因此要求包覆紧度不可过紧。同时，由于包覆圆盘上还承载着饰纱载纱器，决定了包覆圆盘的转速不可过快。然而过低的包覆转速不利于形成平整的包覆绳产品，同时也影响包覆绳的生产效率。综合以上因素，结合生产实践，包覆圆盘转速可确定在 200~300r/min 的范围之间。

（2）引离速度。与细包覆绳的原理相同，引离速度直接影响到包覆绳的包覆度。引离速度过快，包覆度过小，饰纱不能对芯纱形成完全包覆而使芯纱外漏；速度过慢，包覆度过大，饰纱重叠，造成包覆绳外观凸凹不平。

根据包覆度定义，粗包覆绳的包覆度为：

$$D = 1000/nd\eta$$

式中：D——包覆度，圈/m；

n——饰纱根数；

η——饰纱重叠系数；

d——饰纱直径，mm。

在一定的包覆圆盘速度下，引离速度应为：

$$r = X/D = \eta Xnd/1000 = \eta Xnk_\mathrm{d}\sqrt{\mathrm{Tt}}/1000$$

式中：r——引离速度，m/min；

X——包覆圆盘转速，r/min；

Tt——饰纱线密度；

k_d——纱线直径系数。

引离速度可按下式确定：

$$r = mnX\sqrt{\mathrm{Tt}}$$

同样，m 为 η、k_d 合并及结合经验的包覆系数，无捻长丝饰纱 m 取 6×10^{-5}，有捻纱线 m 取 4×10^{-5}。例如，当包覆圆盘转速取 200r/min，饰纱采用 20 根 33.3tex 的黏胶长丝时，引离速度确定为 1.38m/min。

3. 花式包覆绳的加工方法

对于粗包覆绳而言,花式包覆绳主要是指采用不同色彩、不同粗细的饰纱获得的具有不同外观花色的包覆绳产品。由于采用包覆盘包覆形式,因此,花式包覆绳的获得采用不同色彩或粗细的饰纱组合即可完成。在包覆圆盘的圆周上,饰纱载纱器装载不同色彩或不同粗细的饰纱对芯纱进行包覆,即可完成花式包覆绳的加工。

第三节　捻合装饰绳设计

一、捻合装饰绳加工方法

1. 手工捻合

运用传统的制绳方法,利用手动摇车对包覆绳进行加捻和捻合。此方法虽然效率低,但可以完成较为复杂的花式装饰绳的捻合。

2. 机器捻合

目前,利用制绳技术对包覆绳进行捻合,国内还没有专用于家纺行业的定型捻合绳设备,一般各家纺配饰企业采用自制设备进行捻合绳加工。制绳捻绳的技术方法有多种,如图 4-7 所示为捻合原理的一种。包覆绳筒子 1 载于旋转笼 2 中圆盘间的托架 3 之上,托架与旋转笼旋转中心滚动连接,即旋转笼旋转时托架在旋转笼中保持静止状态。制绳时,包覆绳由筒子引出,经旋转圆盘中心孔、导轮 4 引导后在旋转笼的前端汇合。由于旋转笼的旋转运动,包覆绳由筒子引出后在筒子与旋转圆盘中心孔之间完成加捻,加捻后的数股包覆绳经过导孔 5 时完成汇合捻合,形成的捻合装饰绳 6 由引离辊引离完成捻合加工。加捻圆盘对包覆绳的加捻实为假捻,待包覆绳捻合为装饰绳后绳体内的包覆绳捻度得以解捻。

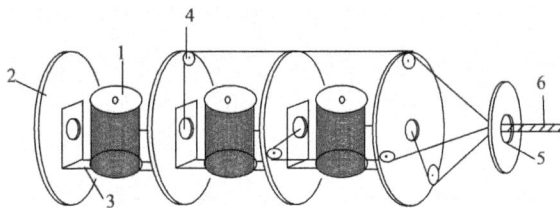

图 4-7　捻合装饰绳捻合原理图

1—包覆绳筒子　2—旋转笼　3—托架　4—导轮　5—导孔　6—捻合装饰绳

3. 意大利 BOCCA COMORIO 家纺制绳机

意大利 BOCCA COMORIO 公司生产的家纺制绳设备,能够纺制由数毫米到数厘米粗细的捻合装饰绳,捻合股数由两股到四股,花色结构有普通捻合绳和花式捻合绳等,设备自动化水平高,具有由包覆到捻合及卷装成形的全套功能。由于设备价格及对设备运行要求严格等原因,国内家纺企业较少应用。

图4-8　T.212型制绳机

以该公司的 T.212 型制绳机为例,如图 4-8 所示。该制绳机具有加工 2~4 股包覆绳,然后再将包覆绳捻合成装饰绳的生产能力,是一种集包覆与捻合于一体的家纺制绳设备。在每一组包覆绳加工装置中,下方为最多能够承载 60 枚筒子的芯纱筒子架,筒子架能够按照设计要求的捻向旋转,从而使形成捻度的芯纱被输送到上方的包覆区。在包覆区中,由能够承载 12 枚饰纱筒子的包覆盘,对从包覆盘中心引入的芯纱进行包覆,包覆盘的旋转方向与芯纱筒子架的旋转方向相同,从而使得形成的包覆绳具有一定的初捻。在捻合区中,包覆绳由牵引罗拉牵引到捻合区,由牵引罗拉组成的捻合机构整体按与包覆盘相反的方向旋转,完成对包覆绳的捻合。由于完成捻合的装饰绳在捻合机构的带动下处于旋转状态,因而装饰绳由捻合机构下方与捻合机构同方向同速度旋转的收集筒完成收集。

整个设备的各机构均单独控制,机构的所有运动控制采用 PLC 通过操作面板进行调控。同时,设备还具有对设计过程的记忆功能,因此为加工类似产品节省了操作、设计过程。

二、捻合装饰绳工艺设计

(一)三股花式装饰绳

1. 目的

以有光黏胶丝为主饰纱,细包覆绳为辅助饰纱,负号棉纱为芯纱,生产三股花式装饰绳,要求装饰绳平整光洁,装饰效果明显。

2. 构思

三股花式装饰绳采用两股粗平包覆绳加一股花式粗包覆绳的组合方式,色彩为单色。花式包覆绳采用一根 1mm 的细包覆绳为饰纱,其余饰纱与平包覆绳饰纱相同。装饰绳平整光洁,可用于流苏绑带的束带,也可用于家用纺织品的滚边。

3. 包覆绳技术规格及工艺

(1)饰纱组合。两股平包覆绳饰纱为 20 根 33.3tex(300 旦)有光黏胶丝,花式包覆绳为 18 根 33.3tex(300 旦)有光黏胶丝与直径为 1mm 的细包覆绳 1 根,细包覆绳采用单根饰纱包覆。

(2)芯纱组合。三股包覆绳芯纱均为负 58.3tex(负 10 英支)棉纱,共 110 根。

（3）包覆绳规格。直径 5mm，包覆捻向为 Z 向，包覆度为 145 圈/m。

（4）空心钢丝规格。不锈钢丝，直径为 2.5mm。

4. 装饰绳规格和捻合工艺

（1）装饰绳规格。直径为 12mm，捻向为 S 向，捻度为 25 捻/m。

（2）捻合方法。机器捻合。

（3）加捻圆盘转速为 500r/min。

（4）引离速度为 2.5m/min。

5. 色彩设计

以单色深蓝色为例，设计产品效果如图 4-9 所示。

图 4-9　三股花式装饰绳

（二）四股花式装饰绳

1. 目的

以有光黏胶丝为饰纱，负号棉纱为芯纱，生产四股花式装饰绳，要求装饰绳具有绉纹效果，花式效应突出。

2. 构思

四股花式装饰绳采用两股平粗包覆绳与两股绉包覆绳的组合方式，色彩三色配置。绉包覆绳是在平包覆绳的基础上采用有光黏胶丝勒绉，平包覆绳均以有光黏胶丝为饰纱，装饰绳光亮饱满，立体感强，可用于流苏绑带的束带，也可用于家纺产品的滚边。

3. 包覆绳技术规格和工艺

（1）饰纱组合。两股平包覆绳饰纱为 19 根 33.3tex（300 旦）有光黏胶丝加 1 根 33.3tex（300 旦）金丝线，绉包覆绳为 20 根 33.3tex（300 旦）有光黏胶丝作为饰纱，两根 33.3tex（300 旦）有光黏胶丝为勒绉丝。

（2）芯纱组合。平包覆绳芯纱为负 58.3tex（负 10 英支）棉纱，共 72 根。绉包覆绳芯纱为负 58.3tex（负 10 英支）棉纱，共 62 根。

（3）包覆绳规格。平包覆绳直径为 4.5mm，包覆捻向为 Z 向，包覆度为 120 圈/m。绉包覆绳直径为 4.5mm，包覆捻向为 S 向，勒绉捻向为 Z 向，包覆绳包覆度为 120 圈/m，勒绉包覆度为 100 圈/m。

（4）空心钢丝规格。不锈钢丝，直径为 2mm。

4. 装饰绳规格和捻合工艺

（1）装饰绳规格。直径为 13mm，捻向为 S 向，捻度为 25 捻/m。

（2）捻合方法。手工捻合。

（3）平包覆绳，加捻捻度为 50 捻/m。

（4）绉包覆绳，加捻捻度为 20 捻/m。

5. 色彩设计

平包覆绳深红加金线；绉包覆绳为紫色、米色相间配置。设计产品效果如图 4 - 10 所示。

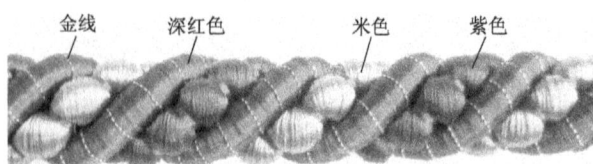

图 4 - 10　四股花式装饰绳

第四节　编织装饰绳设计

一、编织装饰绳加工方法

（一）编织原理

编织装饰绳是运用工业编织绳、缆的方法，运用纺织绳、线编织而成的具有装饰效应的家纺配饰产品。专门用于家纺行业的编织绳机目前在国内还无定型设备，家纺配饰行业借助工业编织机进行编织绳的生产。编织装饰绳编织原理如图 4 - 11 所示。两组回转方向相反的饰纱载纱器 3 在轨道盘 2 上分别沿着波浪形轨道按顺时针和逆时针方向回转，由饰纱载纱器释放出的两组饰纱 4 在两者相遇时产生内外交叉，形成的圆筒形编织物包缠于芯纱 1 上，使得形成的编织物饱满圆润成为编织装饰绳 5，编织绳在引离辊 6 的引离下离开编织区，从而完成编织运动。

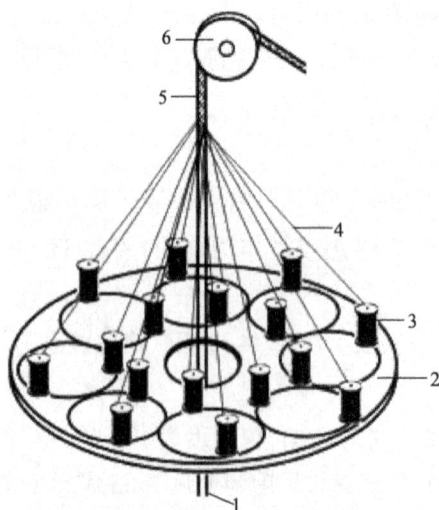

（二）编织设备

目前，家纺配饰生产企业用于加工编织装饰绳的设备大多借助工业编织机，工业编织机主要是用于生产电缆网管、绳缆及套管等的设备。以徐州恒辉牌编织机为例，用于家纺配饰生产的编织机见表 4 - 2。

图 4 - 11　编织装饰绳编织原理图

1—芯纱　2—轨道盘　3—饰纱载纱器

4—饰纱　5—编织装饰绳　6—引离辊

表4-2 用于家纺配饰生产的编织机和适用产品

设备名称	锭数(锭)	家纺配饰产品
高速绳带编织机	16,24,32	主要生产用于手工编织盘花、盘扣等的细编织绳。此外,细编织绳还可部分用于流苏制作、滚边制作等
套管编织机	64,72	主要对木珠、木球等进行编织包覆加工,也可用于家纺装饰绳的制作
圆绳编织机	16,24	主要用于家纺装饰绳的制作,装饰绳主要用于流苏绑带的制作、家纺饰品滚边、造型等

注 锭数是指参与编织的最大纱线路数。

(三)编织技术分析

1. 饰纱组合

编织绳饰纱可以是任何纺织纱、线、绳乃至窄带,饰纱选择从产品的角度出发。细编织绳一般选择单根或数根纱线组合,粗编织装饰绳一般选择数根纱线或数根细绳、带的组合,包覆木珠、木球一般选择数根长丝组合。组合根数的多少视绳的粗细或包覆体的大小而定,以不漏芯、包覆紧密为原则。

2. 编织密度调节

编织带的密度是通过编织机对编织带的引离速度进行调节的,引离速度快,则编织密度小。反之,速度慢则编织密度大。在编织机上,引离速度是通过一对密度齿轮进行调节的,新产品上机时,编织密度以不漏芯、编织带纹理美观、编织运动正常进行为标准进行密度齿轮调节。

3. 松紧调节

编织装饰绳应松紧合理、软硬适度。在实际生产中,为了达到这一目的,可在芯纱中伴入一根钢丝,钢丝下端固定,随着编织绳的引离,钢丝从编织绳中脱出从而起到空心作用。钢丝的粗细以装饰绳软硬适度为标准进行选择。

4. 张力调节

饰纱筒子释放出的饰纱在内外交叉时有一个松弛的过程,此时的饰纱需要张力重锤进行张力调节。重锤施加的张力必须适中,才能保证编织运动的正常进行,重锤过重或过轻都会造成饰纱收送不畅,从而影响编织进程。

二、编织装饰绳工艺设计

(一)细编织绳

1. 目的与构思

以有光黏胶丝为饰纱,负号棉纱为芯纱,生产一种用于手工编织盘花、盘扣的装饰绳,要求装饰绳平整光洁、绳体紧密。

2. 技术规格和工艺

(1)编织设备。16锭高速绳带编织机。

(2)饰纱组合。两个方向饰纱均为50tex(450旦)有光黏胶丝。

（3）芯纱组合。编织绳芯纱为负 58.3tex（负 10 英支）棉纱,共 5 根。

（4）编织绳规格。直径 2mm。

（5）张力重锤。质量为 20g。

（6）密度要求。编织紧密,不漏芯。

3. 色彩设计

饰纱黏胶丝采用单一色。

（二）单编编织装饰绳

1. 目的

以有光黏胶丝股线和细包覆绳为饰纱,负号棉纱为芯纱,采用编织方式生产一种编织装饰绳,要求装饰绳平整光洁,装饰效果明显。

2. 构思

编织装饰绳两个方向的饰纱分别采用有光黏胶丝股线和细包覆绳的组合方式,采用单编编织结构。有光黏胶丝股线和细包覆绳采用不同色彩的组合,装饰绳色彩鲜艳,光洁圆润,主要用于流苏绑带的束带和其他家纺装饰产品的配件。

3. 编织绳技术规格和工艺

（1）编织设备。采用 16 锭圆绳编织机加工。

（2）饰纱组合。两个方向饰纱分别为 8 组 1mm 细包覆绳和 8 组 50tex×3（450 旦×3）有光黏胶丝股线,黏胶丝股线每组三根。

（3）芯纱组合。编织绳芯纱为负 58.3tex（负 10 英支）棉纱,共 140 根。

（4）编织绳规格。直径为 12mm。

（5）空心钢丝规格。不锈钢丝直径为 4mm。

（6）张力重锤重量。190g。

（7）密度要求。编织紧密,不漏芯。

4. 色彩设计

细包覆绳与黏胶丝股线色彩均为浅红色、粉色、浅绿色、浅黄色按比例配置。设计产品效果如图 4-12 所示。

图 4-12 单编编织装饰绳

（三）双编编织装饰绳

1. 目的

以小针筒带子线和细包覆绳为饰纱,负号棉纱为芯纱,编织一种家纺装饰绳,要求装饰绳饱满光洁,装饰效果明显。

2. 构思

编织装饰绳两个方向的饰纱分别采用小针筒带子线和细包覆绳的组合方式,采用双编编织结构编织。小针筒带子线和细包覆绳采用不同色彩的组合,装饰绳色彩明亮,光洁圆润,主要用于流苏绑带的束带和其他家纺装饰产品的配件。

3. 编织绳技术规格和工艺

(1)编织设备。采用16锭圆绳编织机加工。

(2)饰纱组合。两个方向饰纱均为细包覆绳与小针筒带子线相间配置,即细包覆绳与小针筒带子线排列比为1:1。细包覆绳直径为1mm,小针筒带子线为33.3tex(300旦)黏胶丝八针带。

(3)芯纱组合。编织绳芯纱为负58.3tex(负10英支)棉纱,共140根。

(4)编织绳规格。直径为13mm。

(5)空心钢丝规格。不锈钢丝直径为4mm。

(6)张力重锤重量。190g。

(7)密度要求。编织紧密,不漏芯。

4. 色彩设计

细包覆绳与小针筒带子色彩为浅蓝色、浅黄色、咖啡色、白色相间配置。设计产品效果如图4-13所示。

图4-13　双编编织装饰绳

第五章　家纺装饰带设计

家纺装饰带又称作家纺花边带。家纺装饰带为各种具有装饰效应的带状织物。纺织品中带类产品众多，家纺装饰带利用色彩、纹理及款式结构的变化赋予了带子产品独特的装饰效应，使其在家纺配饰产品中独具特色。家纺装饰带的产品结构并不复杂，但要设计出富有特色、效果良好的装饰新品，却颇费心思。本章主要介绍家纺装饰带的设计和产品开发。

第一节　家纺装饰带的种类

家纺装饰带品种较多，按不同方式分类如下。

一、按加工方法分类

（1）机织家纺装饰带。指相互垂直排列的两个系统的纱线，在织带机上按一定规律交织而成的带制品。由于组织结构的不同，又可分为平素装饰带、小提花装饰带、大提花装饰带等。

（2）针织家纺装饰带。指采用针织加工的方法，在针织织带机上生产而成的装饰带制品。包括钩编装饰带、经编花边等。由于钩编装饰带符合家纺配饰产品粗犷、大气的产品特点，因而，钩编装饰带成为针织装饰带在家纺配饰产品中的代表产品。

此外，绣花装饰带为家纺装饰带产品的新军，由于其花型细腻、秀美，花纹突出、精致，近年来发展较快。

二、按边部外观形态分类

（1）直边装饰带。指边部外观形态为平齐状的家纺装饰带。

（2）曲边装饰带。指边部外观形态为曲折状的家纺装饰带。此类装饰带边部或波浪曲折或犬牙交错，装饰性较强。

曲边装饰带的形式主要有犬牙形和波浪形两种。犬牙也称作间隔牙，是在平边的基础上由一种长度的两梭突出纬纱间隔构成；波浪形则是由不同长度的两梭突出纬纱，以波浪状的外观形态构成；同时也包括由跨过数纬的包覆绳形成的曲边形态。图 5-1 为几款曲边装饰带图例。

曲边装饰带的边牙一般采用两边对称的配合形式，可使装饰带显示出和谐对称的外观效果；也可以采用两边不同的配合形式，如一边为平边，另一边为波浪边等。

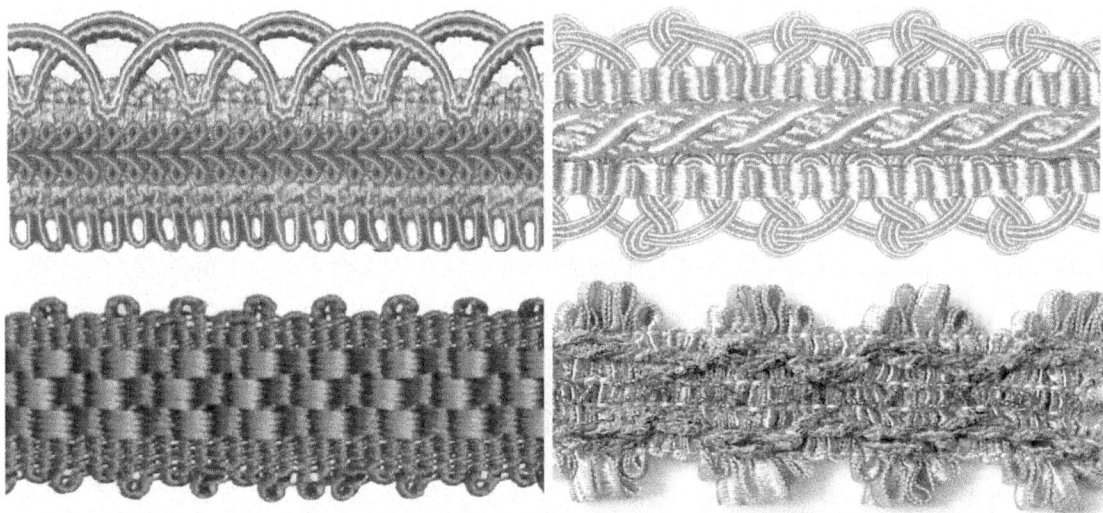

图 5 - 1　曲边装饰带图例

第二节　机织家纺装饰带设计

机织家纺装饰带与普通机织带的不同之处,就在于其有着极强的装饰性。它的装饰性主要是通过材质、加工方法等,以色彩、纹理、款式等不同的形式体现出来的,装饰带通常被用作窗帘、沙发、床上用品及其他家用纺织装饰品的配饰和附件,起修饰和点缀的作用。它可以直接使用,或加上其他饰物使用,对于提升相应产品的品位和档次,起到了画龙点睛的作用。

一、机织家纺装饰带的结构特征

机织家纺装饰带由于其形式和用途的差异,结构特征也有所不同。

(一)组织结构

机织家纺装饰带所采用的织物组织多为平纹地配以经浮长花的重经组织,也有直接采用如平纹、斜纹等简单组织,配合工艺及经纱色彩的变化,以此来体现产品的装饰性。

(1)平纹组织。家纺装饰带采用平纹组织设计时,装饰性主要是通过配色模纹的形式体现出来的,不同色彩的经纱排列显示出装饰带的色彩特征。

(2)重经组织。由于受机织织带机选纬能力的限制,家纺装饰带的装饰花纹主要由经纱体现,因此,采用平纹为地组织,配以起花经纱的重经组织是家纺装饰带的主要结构形式。通常是由一组纬纱与两组经纱相交织,地经纱与纬纱交织成平纹,构成装饰带的地部;起花经纱则与纬纱交织构成装饰带的花部。花部由不同色彩、不同原料及不同结构形式的经纱形成的经浮长组成。

（3）其他组织。家纺装饰带还可以采用重平组织、斜纹组织、绉组织等织造。

机织家纺装饰带是一种采用织物组织与纱线色彩相结合的典型的配色模纹方式进行组织设计的织物，装饰性的体现是其设计的主要目的，因此无论采用哪种组织，体现产品的装饰性，才是组织设计的根本要求。

（二）形态结构

原料组合和生产方法的不同构成了机织家纺装饰带不同的形态结构。在原料组合方面，家纺装饰带使用由单纱到绳的任何原料组合，因此形成了该产品或细腻或粗犷的外观纹理形态，外观形态结构丰富多彩。在生产方法方面，机织家纺装饰带采用由手工到织机生产的各种方法，因此也形成了产品不同外观形态结构。例如，在边部形态结构方面，利用对装饰带的不同编织方法，形成了装饰带不同的边部结构，即曲边形态结构等。

二、机织家纺装饰带生产设备

（一）高速无梭织带机

高速无梭织带机属于新型无梭织带机，可以生产各类机织带，具有速度快、噪声低、质量稳定、效率高、使用寿命长等优点。普通高速无梭织带机采用链块开口机构，可满足较为复杂的开口要求。织带机也可配以电子提花开口机构，可以满足提花织带产品的织造要求。引纬采用纬针双纬引入方式，即每一开口引入双根纬纱。成边方式，一边为自然边，另一边为针织边。以ZGF75X型无梭织带机为例，其主要技术参数见表5－1。

表5－1　ZGF75X型无梭织带机主要技术参数

项　目	机　型			
	27×8	45×6	65×4	150×2
织带总条数（条/台）	8	6	4	2
最大宽度（mm）	27	45	65	150
打纬次数（次/min）	1300	1300	1000	500
适用纬密（根/cm）	3~40			
送经机构	经筒制动式送经			
综框片数	12~14			
开口机构	花链片开口			
保护装置	断经、断纬自停；织物错绕自停；断油自停			

以JYFJ6/55－92型电脑提花织带机为例，其主要技术参数见表5－2。

在家纺装饰带生产方面，高速无梭织带机主要用于生产平边装饰带，由于双纬引纬的特点，该类设备主要生产简单的边牙装饰带。

表 5 – 2　JYFJ6/55 – 92 型电脑提花织带机主要技术参数

项　目	机　型				
	35 × 8	45 × 6	55 × 6	65 × 4	80 × 4
织带总条数(条/台)	8	6	6	4	4
最大宽度(mm)	35	45	55	65	80
综框片数	8	10	10	10	8
适用纬密(根/cm)	3. 5 ~ 36. 7				
提花针数	128,192,240,320				
花链循环	1:8,1:48				

(二)有梭织带机

有梭织带机属于传统机织织带范畴,目前机织装饰带行业均采用经有梭织机改造后形成的有梭织带机,该机型可以生产各类机织装饰带,具有运行平稳、打纬紧密、品种变换方便的优点,但也有速度低、噪声高等缺点。有梭织带机采用多臂开口机构,基本可满足各类装饰带的织造要求。引纬采用梭子引入方式,因此可以形成双边自然边。常用的有梭织带机的主要技术参数见表 5 – 3。

表 5 – 3　常用有梭织带机主要技术参数

项　目	技术参数	
织带总条数(条/台)	4	3
最大宽度(mm)	55	70
打纬次数(次/min)	70 ~ 110	
适用纬密(根/cm)	3 ~ 40	
送经机构	非调节式送经	
综框片数	16	
开口机构	多臂开口	

有梭织带机可用于生产各类机织装饰带,由于采用传统的梭子往复引纬方式,因此为装饰带边牙的形成提供了方便。

(三)手工织带机

由于现代机织织带机满足不了机织装饰带产品在纬纱变换方面的要求,手工织机这一传统的织带方法便被应用于装饰带的产品开发与生产当中。手工织机利用其可设计的开口方式控制经纱的起伏,结合手工的方式实现对装饰纬纱的巧妙编结,实现了装饰带产品丰富的产品结构。手工织带机并没有定型织机,目前家纺配饰生产多用机织小样机替代手工织带机,也可在有梭织带机上利用手动控制的方法进行织带。

三、机织家纺装饰带的技术设计

由于家纺装饰带种类较多,技术设计内容也不尽相同,以下仅对家纺装饰带设计中的主要工艺参数的确定进行介绍。

(一)原料的选择

装饰带原料在兼顾产品的用途及所配套的家纺产品的基础上,通常取不同性能的纤维或不同结构和形式的纱线。常用的装饰带纤维原料和结构形式介绍如下。

(1)长丝类。长丝类纤维是机织家纺装饰带最常用的原料,主要包括有光黏胶丝、有光涤纶丝及天然蚕丝等,线密度一般在166.7~500dtex的范围内。这些长丝纤维原料常在装饰带中被用作起花经纱,可以直接使用,也可以采用三股或四股加捻的形式使用。同时,用该类原材料作为饰纱,长丝类纤维加工成的各种包覆绳常被用作装饰带的起花经纱和装饰纬纱。这些长丝原料制成的装饰带,具有外观纹理明亮、立体感强、质地挺括滑爽的特点。

(2)纱线类。纱线类主要包括黏胶短纤维纱、棉纱或涤棉纱、麻纱等。机织装饰带选用黏棉纱时,线密度范围一般为14.6tex×2~29.2tex×2,主要作为装饰带的地经纱使用,也可以作为花经纱和纬纱使用。此时,装饰带具有外观光泽柔和、手感柔软滑爽的特点。

(3)棉纱与麻纱。棉纱或麻主要作为装饰带的起花经纱使用,多选用较粗的纱线,以此体现天然纤维自然朴素的特点,通常选用的线密度范围为38.9tex×2~83.3tex×2。

(4)天然蚕丝。天然蚕丝作原料织成的装饰带为家纺配饰中的高档产品。其结构和形式设计与有光黏胶丝基本相同。

(二)经组合及排列比的确定

机织装饰带的花经一般采用数根丝线的组合,以此来表现花纹凸出、饱满的特点。如花经为333.3dtex黏胶丝时,可采用333.3dtex×6的组合;采用333.3dtex×3加捻黏胶丝时,可采用333.3dtex×3×2的组合等。

花地经的排列比采用1:2的较多。当地组织为平纹时,一组平纹与一组花经构成一个排列组。当要求所设计的装饰带花纹更加饱满、凸出时,可选用1:1的排列比。此外,采用2:2的排列比时,可突出纬纱的外观表现。

(三)幅宽的确定

机织装饰带的幅宽可用内幅和外幅表示。包含边牙或曲边在内的装饰带总幅宽称作外幅,而内幅则为除去边牙和曲边后装饰带剩余部分的幅宽。装饰带幅宽的确定要考虑产品的实际使用场合和用途。通常情况下,对于直边装饰带,设计外幅一般控制在6cm以内,最宽不超过8cm。对于带有边牙或曲边的装饰带,设计外幅通常控制在4cm左右,内幅则控制在3cm左右,同时考虑边牙长度与内幅宽度的协调配合。

（四）总经根数的确定

装饰带的总经根数可根据装饰带的机上穿筘内幅、筘号数及经纱穿入数，分别计算出地经纱总根数 M_D 与起花经纱 M_H 的总根数。

$$M_D = (F_D \times R_D + F_H \times R_H) \times N_K/10$$

$$M_H = F_H \times Q_H \times N_K/10$$

式中：F_D——边经纱和无经花处穿筘内幅，cm；

F_H——经花处穿筘内幅（穿筘内幅 $F = F_D + F_H$），cm；

R_D——边经纱及无经花处地经纱穿入数，根/齿；

R_H——经花处地经纱穿入数，根/齿；

Q_H——经花处花经纱穿入数，根/齿；

N_K——筘号，齿/10cm。

装饰带的穿筘内幅 F，可根据装饰带的成品内幅 f 与纬向缩率 $\alpha(\%)$ 计算得出。

$$F = \frac{f}{1 - \alpha}$$

装饰带的纬向缩率是一个包含织缩与下机缩率等在内的综合缩率，一般与原料、经纬组合、经纬密度、纬纱上机织造张力等多种因素有关，是一个与产品的加工条件密切相关的工艺参数。一般情况下，以棉和黏胶丝短纤维纱为地经纱的装饰带纬向缩率 $\alpha(\%)$ 可选择 7% ~ 9%；加捻黏胶丝或天然丝可选择 5% ~ 6%。

（五）织造工艺

1. 穿筘

当花地经的排列比为 1:2 时，可将一个排列组穿入一个筘齿。此时，一组地经和花经分别与筘齿边缘相邻，这样有利于地经纱开口清晰，利于织造。若花地经的排列比为 1:1，当花经纱的线密度一定时，采用一个排列组穿入一个筘齿的方法，装饰带的外观花纹比较平坦，花纹不够凸出；若采用三个排列组穿入两个筘齿的穿法，则装饰带的花纹凸出、饱满。当花地经的排列比为 2:2 时，一般采用一个排列组穿入两个筘齿的穿法，这样可以突出纬纱的外观表现。

2. 边牙的形成

有梭织带机上装饰带边牙是由纬纱延伸出装饰带的边缘形成的，纬纱一般是由数根纱线形成一组，因而形成的边牙丰满且具有立体感。边牙的形成可利用综框带动特经实现，特经可以是钢丝，也可以是组合在一起的数根纱线。当特经为钢丝时，钢丝后端固定于织机的后梁上，伸向机前的钢丝穿入综丝和钢筘后，按照设计的要求，由综框带动做有规律的升降运动，从而被不断地织入装饰带的边部，钢丝前端一般距织口 40cm 左右。随着织机卷取机构不断地将织造完成的装饰带引离织口，钢丝也逐渐地从织成的装饰带中脱出，从而使余下的纬纱形成有一定排列规律的边牙外观。当特经为组合在一起的数根纱线时，可随装饰带一同织入边牙，待装饰带下机后拆除即可。而边牙的形式或外观则可通过设计综框的运动规律来实现。边牙的长度可通过特经穿入筘齿的幅度加以控制。

3. 曲边的形成

机织装饰带的曲边成形主要在手工织机上完成,利用手工织机的开口机构完成装饰带经纱的开口运动。引纬时利用手工的方式对装饰纬纱进行编结和塑形,装饰纬纱通常采用易于形成圆润弧线的包覆绳,如此可实现曲边装饰带的编结。包覆绳在装饰带的边缘处或跨过数纬形成弧线,或扭结成圈,从而形成曲边装饰带优美的边部形态。

4. 穿综

机织装饰带在织造过程中,地经纱通常被穿入前片综框中。如以平纹为地组织时,可将平纹穿入前两片综。此外,对于形成边牙的特经,当特经的提升次数较多时,也应穿入前面综框。

5. 经纱张力

根据机织装饰带的结构,为了形成平整的装饰带外观和利于织造,地经纱的张力可适当加大;而为了突出带面的花纹,起花经纱张力在满足织造的前提下适当小些。

四、机织家纺装饰带工艺设计及产品开发

家纺装饰带的工艺设计因具体品种的不同而有所差异,以下结合具体实例,对该类产品的设计进行阐述。

(一)绉面装饰带

1. 目的

以黏胶纱为原料,采用平纹与重平组织,织成绉面装饰带,绉面似泡泡,外观独特,立体感强。

2. 构思

装饰带采用左右对称的绉纹配合,中间以平整的重平组织与多股黏胶纱形成的纵向凸条相结合,突出产品的立体感,提高了装饰效果,且生产工艺简单。

3. 技术规格与工艺设计

(1)经纱组合。29.5tex×2黏胶纱。平纹与重平经纱每根一组,纵向凸条经纱18根一组。

(2)纬纱组合。29.5tex×2黏胶纱。

(3)经纱密度。成品330根/10cm;机上312根/10cm。

(4)纬纱密度。成品315根/10cm;机上284根/10cm。

(5)成品幅宽。3.5cm。

(6)筘幅。3.8cm。

(7)经纱根数。总经根数为130根。其中,平纹部分72根,重平部分40根,中间凸条18根。

(8)穿筘。平纹与重平部分经纱4入穿,18根凸条经纱穿入一筘。

(9)筘号。筘号 $= \dfrac{\text{上机经密}}{\text{每筘穿入数}} = \dfrac{312}{4} = 78(\text{齿}/10\text{cm})$。

(10)筘齿数。共29齿。平纹与重平共穿入28齿,18根凸条经纱穿入一齿。

4. 织造设计与工艺

（1）基本组织。平纹组织与 $\frac{2}{2}$ 经重平。绉面的形成是利用松组织、紧组织的差异形成的，形成绉面部分的组织应选择紧组织，而平整部分的组织应为松组织。这样，结合织造中张力的控制、纬密的设计等，才能形成紧组织处聚集起绉、松组织处平整的带面外观。

（2）上机图。上机图如图 5 - 2 所示。组织图并没有将所有经纱画出，实际穿综顺序为：平纹部分经纱 1、2、3、4 穿入前 4 片综，左右各 18 个平纹循环；重平部分经纱 a、b 穿入中间 2 片综，两边及中间共四条各 5 个重平循环；最后一片穿凸条经纱 Y，18 根凸条经纱穿入一个综眼。

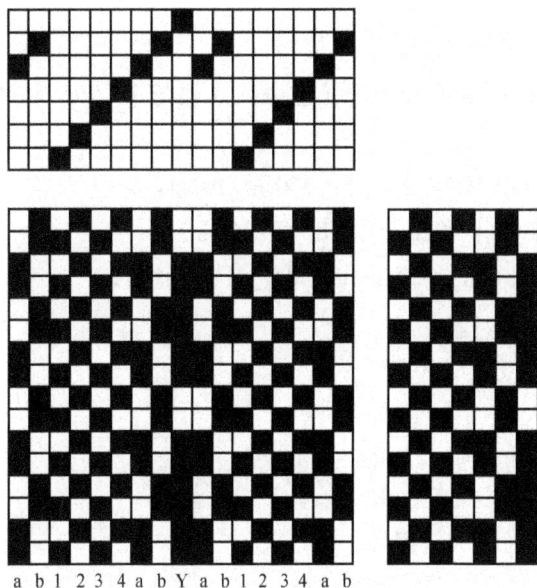

a b 1 2 3 4 a b Y a b 1 2 3 4 a b

图 5 - 2　绉面装饰带上机图

（3）织机。ZGF75X 型无梭织带机。

（4）织轴。上机图中平纹部分经纱一轴，重平部分经纱一轴，凸条部分经纱一轴。

5. 色彩设计

平纹部分一色，重平和中间凸条部分一色。两部分色彩不同，可增强装饰带的立体感，突出装饰特性。产品效果如图 5 - 3 所示。

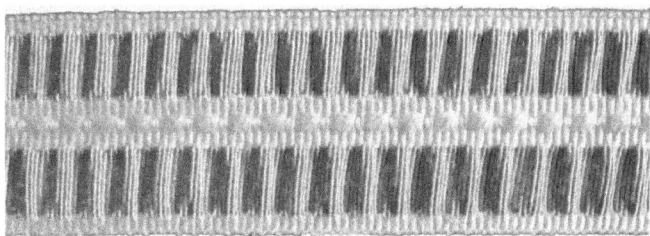

图 5 - 3　绉面装饰带

（二）边牙装饰带

1. 目的

以有光黏胶丝股线为原料,采用经重平组织设计一款带边牙的装饰带,装饰带外观独特,装饰性强。

2. 构思

装饰带采用左右对称的波浪边牙配合,边牙由数根纱线组成的一组纬纱形成。带面织物以经重平组织织成,且带面为一纬凸出、一纬凹陷的瓦楞状外观,配合不同的色彩组合,增强了装饰带的装饰性,使得装饰性更显生动与活泼。

3. 技术规格与工艺设计

（1）经纱组合。50tex×3 有光黏胶长丝股线。

（2）纬纱组合。由 50tex×3 有光黏胶长丝股线 3 根与 29.5tex×2 黏胶纱线 3 根组成一组纬纱。

（3）经纱密度。成品 352 根/10cm;机上 350 根/10cm。

（4）纬纱密度。成品 84 组/10cm;机上 82 根/10cm。

（5）成品幅宽。内幅 2.8cm,外幅 4.4cm(至边牙最外端)。

（6）筘幅。4.9cm。

（7）经纱根数。总经根数为 100 根。

（8）每筘穿入数。4 入/筘。

（9）筘号。筘号 $= \dfrac{上机经密}{每筘穿入数} = \dfrac{350}{4} = 87.5（齿/10cm）$。

（10）边牙形式。由特经形成波浪牙。

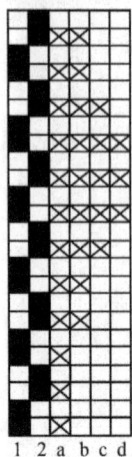

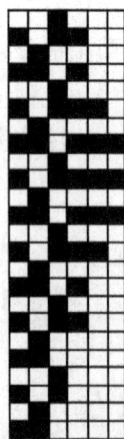

（11）筘齿数。共 43 筘,其中经纱穿入 25 齿,边牙特经每边 9 筘共 18 筘。

4. 织造设计与工艺

（1）基本组织。$\frac{2}{2}$经重平。

（2）上机图。如图 5-4 所示。组织图中经纱 1、2 穿入第二、三片综,共 49 个循环;a、b、c、d 为边牙特经。其中,把边钢丝 a 穿入第一片综,边牙形成经纱 b、c、d 分别穿入第四、五、六片综,左右特经穿法相同。边牙的形成就是由这些按照设计要求提升的特经,控制纬纱延伸出带面边缘,形成所设计的边牙形态。

（3）特经穿筘。为了形成具有一定长度的边牙形态,特经穿筘需空筘处理。即 a、b 之间空一筘,b、c 之间空 2 筘,c、d 之间空 2 筘,每边 9 筘,共 18 筘。

（4）织机。有梭织带机。

1 2 a b c d

图 5-4　边牙装饰带上机图

（5）织轴。奇数经纱一轴；偶数经纱一轴，边牙特经纱一轴。

（6）经纱张力。为了形成瓦楞状带面，控制凸出经纱的织轴，在满足织造的前提下用小张力控制，而控制凹陷经纱的织轴则应用大张力控制。由于边牙特经需满足边牙的形成，需克服纬纱在边缘处带来的特经收缩，因此，边牙特经织轴也需采用大张力控制。

5. 色彩设计

两个地经纱织轴上采用不同的色纱排列，分别以深浅色彩为主，由于两个织轴采用不同的上机张力控制，装饰带表面形成深、浅相间的瓦楞外观，产品效果如图5-5所示。其中图5-5(a)为下机带有特经的坯带，图5-5(b)为除去特经的成品装饰带。

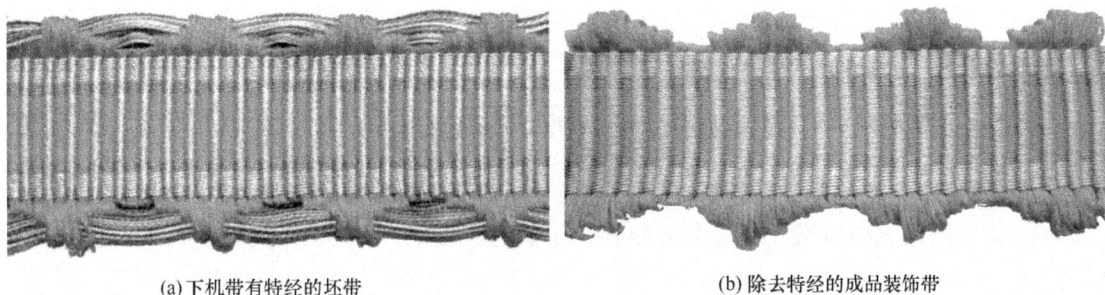

(a)下机带有特经的坯带　　　　　　　　　(b)除去特经的成品装饰带

图5-5　机织边牙装饰带

(三)机织绳编装饰带

1. 目的

绳编装饰带是家纺配饰的一类产品，机织绳编装饰带是利用机织的方法织出绳状装饰带。该产品可使用在沙发、床垫及其他家用纺织装饰品的边缘处，起修饰和点缀的作用。本设计以黏胶丝短纤维纱为原料，采用平纹与管状组织，织成绳编装饰带，其外观独特，具有立体感。

2. 构思

机织绳编装饰带是以管状组织织成"绳"，边部分采用平纹组织织制，在织机上同时织出"绳"和"边"，产品既保持了绳编的特点，又体现出柔软饱满的风格，具有鲜明的家纺配饰产品特征。

3. 技术规格与工艺设计

（1）经纱组合。为使产品手感柔软、蓬松，选择黏胶纱为原料。绳部分采用12根14.7tex×2黏胶纱为一组；边部平纹部分采用2根14.7tex×2黏胶纱为一组；边部花经部分采用4根14.7tex×2黏胶纱为一组；芯线采用3根29.5tex×2棉纱为一组。

（2）纬纱组合。6根14.7tex×2黏胶纱为一组。

（3）经纱密度。边部成品350组/10cm，机上294组/10cm；绳部成品180组/10cm，机上150组/10cm。

（4）纬纱密度。成品80组/10cm，机上78组/10cm。

（5）成品幅宽。2cm，其中边部与绳部各1cm。

（6）筘幅。2.4cm，其中边部与绳部各1.2cm。

（7）经纱根数。总经组数为130组。其中边地经26组；边花经3组；绳经18组；芯线1组。因为绳编有边的存在，因此，在确定绳部分总经根数时，不用考虑有边一侧的组织点是否连续，只考虑无边一侧的组织点连续即可，此时，总经根数可任选。若根据要求，所设计的绳编无边时，则要考虑总经根数与组织点连续的问题，总经根数应按下式确定。

$$m_j = R_j Z \pm S_w$$

式中：m_j——总经根数；

R_j——斜纹基础组织的经纱循环数；

Z——斜纹基础组织的循环个数；

S_w——斜纹基础组织的纬向飞数，投纬方向从右向左投第一纬时，S_w取正号，从左向右投第一纬时，S_w取负号。

（8）织物组织。绳组织可以采用基础斜纹组织为单独经组织点的管状组织，如$\frac{3}{1}$、$\frac{4}{1}$等为基础组织的管状组织，这样有助于绳部分形成螺旋状的外观，以提高其装饰性，基础组织的循环越大，则螺旋线越宽大，反之则越细密；绳组织也可以采用平纹等简单组织构成的管状组织，这样可以构成外观纹理细致、密实的绳体外观。绳中应设有芯线，这样可使绳部分饱满、圆润。绳编的边部分主要作用是将绳编与装饰物相连，平纹组织交织紧密、布面平整，因此，比较理想。其上若配以小花纹，即彩色花经浮长，则会使边部分的装饰性更为理想。本设计边部分为平纹加经花；绳部分为以$\frac{3}{1}$斜纹为基础组织的管状组织。

（9）绳组织与边组织的配合。绳组织与边组织织造时按一定的投纬比进行，由于绳部分为双层组织，因而绳部分与边部分的纬纱比例应为2∶1，即投纬顺序为边→绳→绳→绳→绳→边。绳组织因边组织的存在，其总经组数可任选，只考虑没有边的一侧组织点连续即可。

（10）经纱排列。边经14组、花经1组、边经2组、花经1组、边经2组、花经1组、边经14组、（绳经2组、芯线1组）8次、绳经2组。

（11）穿筘。边部分3组/筘齿；绳部分中间处2组/筘齿，边缘处1组/筘齿。为了保证绳部分表里经纱的良好重叠，必须把同一排列比的表里经纱穿在同一筘齿内。芯纱随绳部经纱均匀穿入。

（12）筘号。筘号 = $\dfrac{上机经密}{每筘穿入数}$ = $\dfrac{294}{3}$ = 98（齿/10cm）。

（13）筘齿数。共24齿。边部平纹及经花12筘齿，绳部及芯纱穿入12筘齿。

4. 织造设计与工艺

（1）上机图。绳编装饰带上机图如图5-6所示，组织图只做出了经纱的提升规律。边地经 1、2 穿入第一、二片综;花经 3 穿入第三片综;绳经 4 ~ 11 穿入第四 ~ 十一片综;芯线 A 穿入第十二片综。穿综过程应与经纱排列相对应。

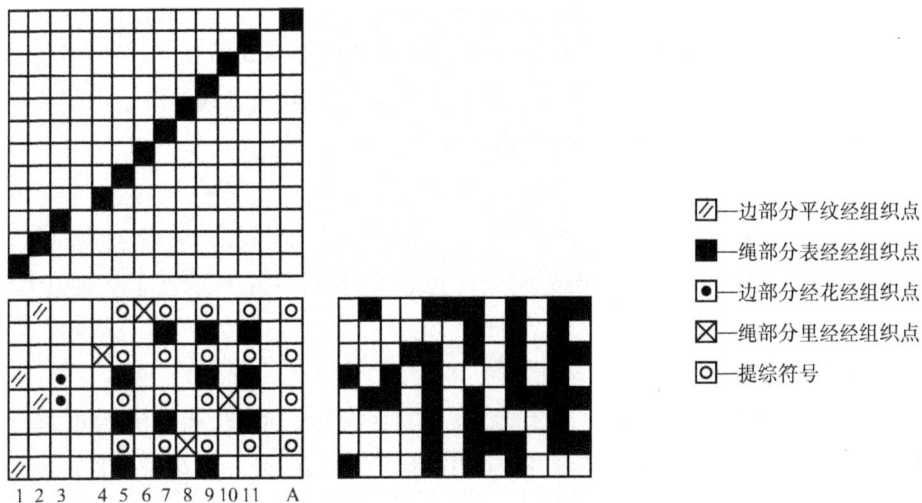

☑—边部分平纹经组织点

■—绳部分表经经组织点

⊙—边部分经花经组织点

☒—绳部分里经经组织点

◯—提综符号

1 2 3　　4 5 6 7 8 9 10 11　A

图 5 - 6　绳编装饰带上机图

（2）织机。有梭织带机。

（3）织轴。上机图中,边部分经纱一轴,绳部分经纱一轴,芯纱一轴。

（4）经纱张力。由于绳部分经纱和芯纱机上经密大,织造时须加大上机张力,以利于织造的顺利进行。

（5）纬纱张力。适当加大纬纱张力,使绳部分的纬组织点凹下,从而突出绳部分经纱凸起,可以增强绳编的立体感。

5. 色彩设计

平纹部分一色,重平和中间凸条部分一色。两部分色彩不同,可增强装饰带的立体感,突出装饰特性。产品效果如图 5 - 7 所示。

图 5 - 7　机织绳编装饰带

（四）编结装饰带

1. 目的

编结类装饰带属传统的手工艺品。机织编结装饰带是借助于织机的开口运动提升经纱,利用人工引纬引入各式装饰绳、带、线等,在手工编结完成相应的造型后进行经纬交织,由经纱将编结完成的装饰绳、带固结形成的一种家纺装饰产品。该产品装饰效果好,或直接使用,或与主饰品连接,形成独具特色的装饰产品。本设计以包覆绳为装饰绳,通过编结形成机织装饰带,通常被用在家纺产品的边缘处,或据以形成几何装饰图案。

2. 构思

编结装饰带采用一侧直边,一侧曲边的边部配合,曲边由数根包覆绳重叠弯曲组成,带面织物以平纹组织织成,带面以经花压伏包覆绳且配以粗条捻合绳,以此增强装饰带的层次感与立体感。

3. 技术规格与工艺设计

（1）经纱组合。地经纱为 33.3tex × 2 有光黏胶丝股线;花经为 33.3tex 有光黏胶丝 6 根一组,采用数根丝线的组合,可以显示出花经花纹凸出、饱满的特点;另一种花经是直径为 5mm 的捻合装饰绳。

（2）纬纱组合。地纬纱为 33.3tex × 2 有光黏胶丝股线;参与编结形成纬花的纬纱通常被称为装饰纬,形成曲边的包覆绳装饰纬共两组,每组为 3 根直径 1.5mm 黏胶丝包覆绳。为了提高产品的装饰性,装饰纬中一般采用两到三根包覆绳,包覆绳根数太多,不仅增加编结难度,也会使产品的外观过于凌乱。同时,包覆绳要求外表饰线包缠紧密,外观光洁、圆润,且结构稳定。为了能在编结曲边纬花中形成自然优美的曲线,包覆绳加工中应在芯线中加入直径 0.2mm 左右的涤纶单丝。

（3）织物组织。为了达到装饰带结构紧密、牢固、不松软的设计要求,组织结构多采用交织紧密的平纹组织为地组织,同时配以花经的起花组织。装饰带结构中,多采用一组纬纱与一组经纱交织成地组织,形成装饰带的地部;采用起花经纱压伏装饰纬构成曲边编结花。也可以直接采用平纹组织织制,利用平纹经纱压伏装饰纬,同时采用挖梭等技法,形成具有独特装饰效果的编结装饰带。

（4）经纱根数。地经 28 根,黏胶丝花经 3 组,捻合装饰绳花经 1 根。

（5）成品幅宽。地经与地纬交织形成的织物幅宽为 1.3cm,包括曲边装饰纬在内的织物幅宽为 2.0cm。

（6）箱号。选择 100 齿/10cm 的箱号。

（7）机上箱幅。1.4cm。

（8）箱齿数。共 14 齿。

（9）地经与花经排列比。一般多采用 2:1,即一组平纹与一组花经构成一个排列组。纬排列视装饰带的设计要求而定,与成花纬的粗细有关。一般地纬与成花纬的排列比至少为 3:1,即织入三根地纬,再织入一组成花纬。成花纬越粗,地纬的排列数越大。

（10）经纱排列。按照排列顺序依次为地经 6 根、捻合绳花经 1 根、地经 12 根、黏胶丝花经

1组、地经2根、黏胶丝花经1组、地经2根、黏胶丝花经1组、地经6根。

（11）穿筘。对应筘齿数和经纱排列，穿筘方法为3入、3入、1入（3齿）、3入×7、4入，其中因为捻合绳花经较粗，须除去2个筘羽齿条，即穿入3个筘齿的距离。

（12）纬纱密度。82组/10cm。

4. 织造设计及工艺

（1）上机图。上机图如图5-8所示。地经1、2穿入第一、二片综；捻合装饰绳花经A穿入第四片综；黏胶丝花经B穿入第三片综。穿综过程与经纱排列相对应。

（2）织机。机织编结花边目前还没有专门的生产设备，通常可采用机织小样机或有梭织带机进行生产加工，即利用织机的开口机构控制经纱运动，手工引纬的同时，将引入梭口的装饰纬按设计要求手工编结成相应的造型款式。

（3）织轴。地经纱一轴；捻合装饰绳花经纱一轴；黏胶丝花经一轴。

（4）纬纱张力。机织编结花边编结过程中，纬纱张力是由人工控制的，这就需要操作者的把握，要求其在整个生产过程中，手势及

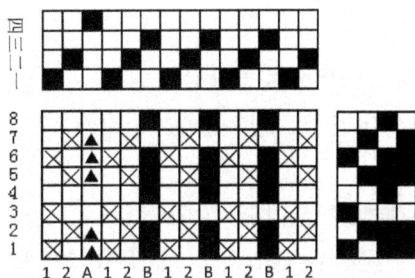

图5-8　机织编结装饰带上机图
⊠—地经经组织点
▲—花绳A经组织点　■—花经B经组织点

力度的控制应该保持一致，对装饰纬的编结应该尽可能做到花形整齐、平整；对地纬的控制应能保证边道的整齐。

（5）编结投纬顺序。在组织图的第一个循环中，1~3纬投入地纬，第4纬从右向左投第一组装饰纬，5~7纬投地纬，第8纬从左向右投第一组装饰纬。在组织图的第二个循环中，1~3纬仍投入地纬，第4纬从右向左投第二组装饰纬，投入5~7地纬后，第8纬从左向右投第二组装饰纬。至此，编结过程完成一个花形循环，其余循环依此类推，完成整个编结过程。

5. 色彩设计

色彩设计可以采用单色，也可以采用混色。单色产品清新、自然，混色产品绚丽、多姿。但注意混色配合不可色彩过多，两色、三色既可，过多的色彩组合会使产品色彩显得杂乱、繁杂。单色产品效果如图5-9所示。

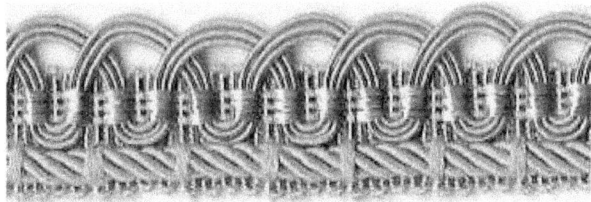

图5-9　机织编结装饰带

(五)提花装饰带

1. 目的

提花装饰带为装饰带中花型复杂的产品,因起花经纱提升规律相对较多,因此需采用提花织带机织制。本设计以黏胶纱、黏胶丝股线为原料,采用平纹与起花经纱织成提花装饰带,带面花型饱满,立体感强。

2. 构思

提花装饰带采用左右对称的花型配合,装饰带两边采用斜纹为装饰边,以平纹为地可使地部平整从而突出起花经纱,同时采用两色起花经纱,充分显示花纹的立体感,提高产品的装饰效果。

3. 技术规格与工艺设计

(1)经纱组合。地经纱为29.5tex×2黏胶纱,起花经纱与装饰边经纱均为50tex×3的有光黏胶丝股线。

(2)纬纱组合。纬纱为29.5tex×2黏胶纱。

(3)地经与花经排列比。采用1∶1,即一组平纹与两根花经构成一个排列组。

(4)组织配合。地组织为平纹,装饰边为$\frac{3}{1}$斜纹组织,起花组织为图5−10所示的提花组织。

(5)纬纱密度。成品纬纱密度为200根/10cm。

(6)成品幅宽。4.5cm。

(7)机上筘幅。4.7cm。

(8)经纱根数及排列。经纱排列为地经纱8根,装饰边经纱12根,地经纱4根,(花经纱1根、地经纱1根)共84组,花经纱1根,地经纱4根,装饰边经纱12根,地经纱8根。其中,地经纱共192根,装饰边经纱24根,花经纱85根。

(9)穿筘。地经纱穿筘4入,装饰边经纱3入,花经与地经三个排列组穿入二筘齿,即3入。根据经纱排列,筘齿数共为40齿。

(10)筘号。筘号 $= \dfrac{筘齿数}{机上筘幅} = \dfrac{40}{\frac{4.7}{10}} = 85(齿/10cm)。$

4. 织造设计与工艺

(1)意匠图。如图5−10所示,意匠图为花经组织,花经109针。

(2)地经纱穿综。地经纱采用综片织制,采用4片。

(3)织机。128针电脑提花无梭织带机。

(4)织轴。平纹部分经纱一轴,花经纱一轴,装饰边经纱一轴。

5. 色彩设计

平纹部分一色,起花经纱两色。两部分色彩不同,可增强装饰带的立体感,突出装饰特性,装饰边经纱两色。产品效果如图5−11所示。

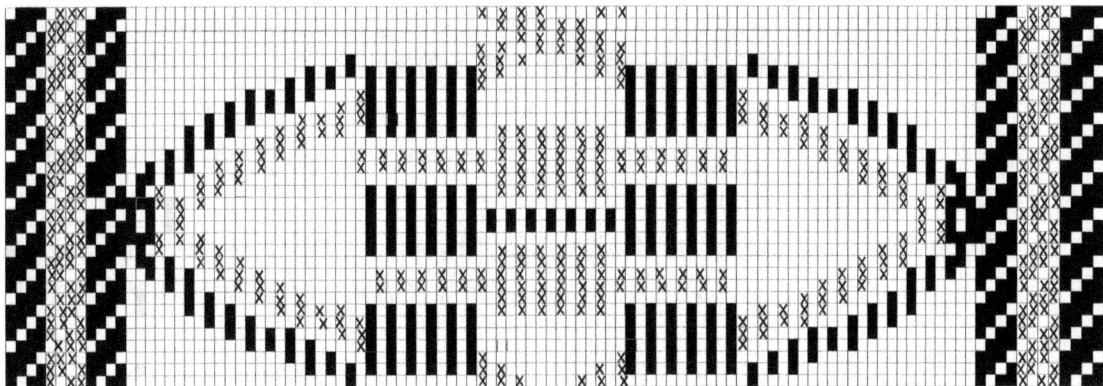

图 5 - 10　提花装饰带意匠图

图 5 - 11　提花装饰带

五、机织装饰带织造中的常见问题

由于机织装饰带属于窄幅织物,因此,产品的织造不同于通常意义上的机织物的织制,织造中会出现其特有的产品质量问题。

(一)幅宽不匀

装饰带在幅宽上不同于宽幅机织物,由于织造中无边撑的作用且产品幅宽狭窄,因此,在幅宽上的微小变化即会被反映出来。造成机织装饰带幅宽宽窄不一的原因主要有以下几点。

(1)纬纱张力控制不匀。无论是有梭织带机还是无梭织带机,纬纱张力均匀是避免幅宽不匀的关键。对于无梭织带机,纬纱筒子供纱必须均匀及时,纬纱轮直径变化、纬纱停机及弹簧松紧不稳,都会造成幅宽的变化。同时,必须保证纬纱筒子成形优良,以保障供纱的顺畅。对于有梭织带机,由于纬纱是由梭子中的纱管供给的,因此,纱管的成形优良、张力控制得当是保障幅宽稳定的关键。由于装饰带织造中通常采用多根纬纱,因此,纱管成形时卷装不良造成纬纱长度不一致,便会使得纬纱输出不畅和长短不一,从而造成幅宽不匀。

(2)经纱整经不良。装饰带整经中应保证经轴整经卷绕均匀,若整经卷绕不匀,便会使经纱张力出现差异造成装饰带幅宽不匀。

（3）经轴张力控制不匀。通常情况下，经轴张力小，装饰带会变宽；经轴张力大，装饰带会变窄。因此，织造中保持经纱张力的稳定也是消除幅宽不匀的关键。

（二）弯带

装饰带外观在长度方向上应平直、无弯曲，织造中若处理不当会造成弯带现象。造成装饰带弯带现象的原因主要有以下几点。

（1）经纱张力不匀。若经轴送出经纱张力不匀，则影响装饰带的直度。一般情况下，带身弯向张力大的一边。特别是在采用双轴织造时，两轴张力控制必须均匀，否则便会造成弯带。

（2）锁边不良。在无梭织带机上，锁边线张力应控制得当，过松或过紧便会造成弯带。锁边线过紧，则弯向锁边侧；锁边线过松，则弯向正常边侧。

（3）入筘不当。装饰带织造中有时为了花纹的需要及无梭织带机弥补锁边侧与正常边侧密度的需要，穿筘时带子的两侧采用不对称的入筘形式，若处理不当便会造成弯带。通常情况下，装饰带会弯向入筘小的一侧，此时必须重新调整入筘数，做到恰到好处才可以。

（三）跳花

无梭织带时，当经纱密度较大，织机开口相对较小，易产生经纱浮出的跳花现象。产生跳花现象的原因有以下几点。

（1）整经张力不匀。整经过程中经纱的张力不匀，织造时造成开口不清便会形成跳花。

（2）开口位置不当。织带机开口过小或开口时间不当都会造成跳花现象。特别是当经纱密度较大，应当采用较大的开口动程，调整恰当的开口时间和纬针引纬时间，同时调整经纱上层梭口平齐，从而避免跳花的产生。

（3）经纱张力过小。织轴经纱张力过小会造成经纱开口不清，从而引发跳花的产生。

（4）经纱纱疵过多。经纱纱疵过多会造成开口过程中经纱之间的粘连，特别是在经纱密度较大时，若纱线毛羽、接头等纱疵过多，则会引起经纱间的开口障碍，造成开口不清而引发跳花。

（5）纹钉错钉或位置不当。对于有梭织带机，织造中若装饰带出现错纹等跳花现象，应检查纹板情况。若出现有规律的错花现象，则检查纹钉是否钉错；若错纹为无规律性的偶发现象，则检查纹钉是否倾斜或没有对准重尾杆。

（四）起毛

装饰带起毛在排除因原料本身原因引起的以外，因织造过程产生的起毛有以下几点原因。

（1）钢筘摩擦。检查钢筘是否有毛刺等。此外，对于较粗的花经纱，因筘号较大，筘齿间隙较小，也可引起筘齿条对花经的摩擦而起毛，此时应在保证筘幅不变的前提下，考虑选择较小筘号的钢筘或在较大筘号的情况下，去除若干根筘齿条，从而保证粗花经避免过度的摩擦而引起起毛。

（2）综丝摩擦。与钢筘摩擦的情况类似，综丝综眼不畅也会造成经纱起毛，较粗花经应采用较大综眼的综丝。

（3）梭口位置不当。对于有梭织带机，若开口时间或者梭口位置不当，会造成梭子对经纱的过度摩擦而引起起毛。此时,应在梭口位置正确的前提下,调整开口时间与投梭时间,使两者配合得当,以此避免起毛现象的发生。

(4)钩针损坏。在无梭织带机上,由于成边钩针的损坏可引起装饰带边部起毛,此时更换钩针即可。

(五)边牙成形不良

装饰带的织造不同于普通带子。由于装饰的需要而起边牙的装饰带,在织造中会有边牙成形不良的现象。织造中造成边牙成形不良的原因有以下几点。

(1)纬纱张力不匀。纬纱张力不匀会造成边牙与设计形态不符,使得间隔牙不够平齐,波浪牙形态不够自然。出现这种现象,无梭织带机应调整送纬轮及纬纱张力调节装置;有梭织带机应调整纬管张力控制装置,使纬纱张力得到均匀控制,以使边牙能够成形良好。

(2)边牙特经张力控制不当。装饰带织造过程中,边牙特经张力应保持不变。若特经张力时大时小,则会造成边牙成形不良。

(3)纬纱卷纬成形不良。通常情况下,装饰带纬纱是在卷纬过程中由多根纱线合并而成。若纬管成形不良,会使多根纬纱间的纱线长短不一,织造中便会造成边牙成形不良。

第三节　钩编家纺装饰带设计

家纺装饰带除采用机织方法加工外,还可采用针织的方法加工。由于家纺装饰带厚实、粗犷的特点适合于钩编加工,因此,生产家纺装饰带或家纺花边的另一种常用的方法就是采用钩编机加工。

一、钩编装饰带的花型设计

钩编装饰带类产品可以采用一组纬纱作为衬底,其余各组纬纱在钩编机衬纬梳栉的作用下,利用纬纱的品种、色彩及形式的变化,在钩编带上编织出各种优美的图案;也有采用纬纱的配合和变化,在衬纬梳栉的作用下将纬纱直接编织成带,从而成为钩编装饰带。

钩编装饰带的花型主要以衬纬纱体现,在钩编产品中常用的起花衬纬纱为包覆绳或捻合装饰绳,相应的衬纬花型可归纳为以下几种。

1. 直线花型

衬纬梳栉不发生横移,衬纬纱以直线的形式出现(由另一组衬纬纱压伏)。采用直线花型时,主要以材料的色彩、纹理等表现花型,衬纬的形式主要为多根股线的组合、捻合装饰绳、包覆绳等。

2. 曲线花型

曲线花型为钩编花边花型的主要形式。常见的曲线花型如图5-12所示。花型主要以包覆绳衬纬体现。

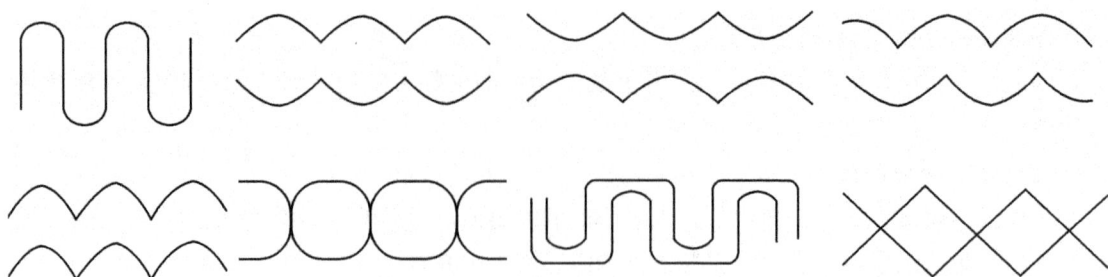

图 5 - 12　常见曲线花型

3. 交叉结构花型

起花衬纬与底层衬纬呈交叉结构,外观类似机织物结构。交叉结构属于钩编装饰带的特殊结构,产品外观纹理独特。

起花衬纬纱在以上花型的基础上或单独使用,或重新组合,可以形成丰富多变的装饰带花型结构。

二、钩编机设备要求

钩编机属经编机大类中的一种特殊机种,是拉舌尔经编机的变形机型。除少量宽幅外,绝大多数门幅较狭窄,通常为 800mm 左右,常被用于编织松紧带、花边带、流苏带等狭条经编针织物,常用机号为 E10～E20。与普通经编机相比,钩编机有独特的纬纱装置,而成圈的经纱尽量不显现,所以其产品的风格主要取决于衬纬纱的变化。衬纬纱可以采用任何形式的纱线,几乎不受限制,如各种天然纤维纱线、化纤长丝和短纤纱线等,还可以用各种特殊的花式纱线及各种形式的线或绳,如起毛线、雪尼尔纱等。钩编机的这些特点,与家纺装饰带和家纺花边的要求相契合,因此,采用钩编机开发钩编家纺配饰,成为家纺配饰开发的又一途径。这不仅提高了生产效率,同时也丰富了家纺配饰产品的品种和款式。

配有足够数量衬纬梳栉的钩编机,均能进行装饰带的生产,但在一些特殊结构的装饰带生产中,钩编机必须配有相应的特殊功能装置,如交叉衬纬梳栉和套圈回旋梳栉。此外,一些对衬纬纱张力要求严格的产品,钩编机还需要配有积极式的送纬装置,以此满足产品花形的形成要求。

钩编机的起花装置有普通型钩编机和电子提花钩编机。根据钩编花边的结构特点,采用普通钩编机即可满足梳栉的衬纬运动。目前,常用的花边钩编机配备标准的花链片,使用中直接编链即可。而对于须自行加工的花链片,加工量可按下式确定。

$$Q = \frac{25.4N}{E}$$

式中:Q——链块的加工量,mm;

　　　E——机号;

　　　N——横移针数。

链片前、后半部的加工范围视具体机型而定。一般情况下,链块前半部分的加工范围应稍小于链块后半部分的加工范围,链块中间部分的留量应以满足衬纬纱横移到位为准。如 Comez800 钩编机的链块前半部分的加工范围可在 10~11mm 内,后半部分可在 11~12mm 内。链块的加工面必须平整、光滑,才能使梳栉横移得以平稳、连续。

链块的编排以梳栉横移平稳为原则,最好让链块叉端在前,以承受较大的负荷冲击。

满足家纺配饰生产的常用的钩编机主要技术参数见表 5-4。

表 5-4　家纺配饰常用钩编机主要技术参数

项　目	机　型	
	普通花边钩编机	特殊花边钩编机
机号(针/25.4mm)	10、14	10、14
地梳(把)	1	1
衬纬梳(把)	6	8
幅宽(mm)	762	762
编织速度(m/h)	20~28	10~28
套圈梳(把)	—	3
套圈控制	—	花板轮控制
交叉控制	—	花板轮控制
纬梳横移	花板轮控制	花板轮控制
经纱供纱	消极式(落地纱架送纱)或积极式供纱系统	
纬纱供纱	消极式(落地纱架送纱)或积极式供纱系统	

三、钩编家纺装饰带的技术设计

(一)原料的选择与设计

1. 衬纬纱的选择与设计

根据钩编织物的结构特点,适用于钩编装饰带所用的衬纬纱种类繁多。从原料方面来看,棉、毛、丝、麻及化纤原料均可用于编织。从形式方面上看,各种化纤复丝、加捻丝,各种纱线、花式线以至于绳线,也适用于该产品。其中,应用最为广泛的包覆绳,一般在加工时需在芯线中加入直径为 0.2mm 左右的涤纶单丝,目的是使其富有一定的弹性,这样可利于其形成自然、圆润饱满的弧形花纹图案。

2. 地经纱的选择

钩编织物的成圈经纱一般在织物中尽量不显现,地经纱所起的作用主要是成圈固结衬纬纱。由于钩编装饰带的衬纬通常较为粗壮,这就要求地经纱在编织中必须承担足够大的张力,才能实现对衬纬的握持与编织。实际生产中,地经纱主要采用直径为 0.2mm 左右的涤纶单丝、

33.3tex(300 旦)左右的涤纶网络丝等。

（二）幅宽的确定

钩编装饰带的幅宽可按下式确定。

$$F = \frac{25.4N}{E}(1 - \alpha)$$

式中：F——幅宽，mm；

E——机号；

N——横移针数；

α——纬向缩率。

钩编装饰带的纬向缩率一般与地经纱原料、地经纱张力、衬纬密度、衬纬纱上机张力等多种因素有关，是一个与产品的加工条件密切相关的工艺参数。一般情况下，纬向缩率 α 可选择 7%～9%。

实际设计中也可按照纬针数确定幅宽。由于钩编装饰带生产常用 $E10$ 或 $E14$ 机号，相应的装饰带幅宽可按针数确定。例如 $E10$ 机号针间距约为 0.25cm，因此，对于钩编装饰带幅宽为 1cm 时，则对应针数为 4 针，1.5cm 对应 6 针，依此类推，设计中较为方便。

根据装饰带的使用场合和用途，钩编装饰带的幅宽可选择 1～5cm。由于受钩编机衬纬梳栉横移量的限制，装饰带太宽，钩编机编织困难，设计中应予以考虑。

（三）编织工艺分析

1. 垫纱角度

钩编机生产装饰带时采用的织针为偏钩针或舌针，偏钩针也称作钩针或弹簧针，除少量厚重织品采用舌针外，多数采用偏钩针。地经纱在针前垫纱时，经纱需正好嵌入偏钩针的间隙中，即垫纱角度与钩针间隙倾角相同时才能实现成圈运动（图 5 - 13）。

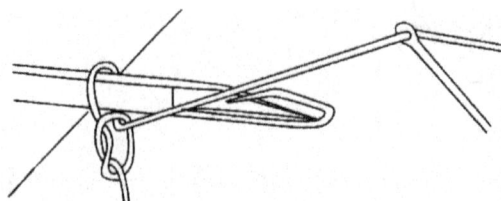

图 5 - 13　钩针垫纱示意图

在钩编装饰带生产过程中，地经纱由于受到衬纬纱横移的拉力作用，其垫纱角度往往发生改变。地经纱垫不进钩针的间隙中，垫纱运动不能实现，正常编织过程受阻。此时，若采取减小衬纬纱张力的方法，则会造成装饰带边部不整齐，产品外观受到影响。最好的措施可采取增加边经纱张力和根数，结合微调导纱针在针间位置的方法，这样可抵消边纱受衬纬纱横移拉力的影响，使垫纱角度得以保证，垫纱运动正常进行。

2. 纱线张力

钩编机的编织运动,衬纬纱和地经纱的喂入均是间歇式的,这就给衬纬纱和地经纱的张力控制带来了一定的难度。

实际生产中,衬纬纱的张力往往影响着产品边部是否整齐,以及花形的外观形态。衬纬纱的张力过小,装饰带边部不齐,花形不均匀;衬纬纱的张力过大,则会影响垫纱角度,使编织不能正常进行。因此,调整好衬纬纱的张力就显得格外重要。

影响衬纬纱张力的因素很多,包括衬纬纱的原料类型、衬纬纱的粗细、衬纬纱的卷装形式、衬纬纱的横移距离以及纬针管的形态等。一般情况下,当衬纬纱为棉、麻等相对比较粗糙、摩擦系数较大的原料时,张力宜小些;相反,当原料比较光滑,摩擦系数较小时,张力则需大些。衬纬纱的卷装形式对张力的影响也是至关重要的,钩编装饰带的生产,落地纱架上最好采用圆锥形筒子送纱,这样可以有效地避免其他形式的送纱方式引起的张力波动,使编织运动得以平稳进行。钩编机的编织运动,无论衬纬纱横移距离大或小,其送出时间是相同的。因此,当横移距离大时,张力必须减小,只有这样才能满足纱线送出的需要。

地经纱张力的控制,以满足垫纱角度为标准。当衬纬纱密度较大时,地经纱张力适当加大;为了形成较为平齐的边部,装饰带边部的地经纱张力应适当增加。

3. 边牙的形成

钩编装饰带上边牙的形成是利用衬纬梳栉的动程变化,使衬纬纱延伸出来而形成的。边牙部分衬纬纱的固结一般采取以下两种方法。

(1)地经纱固结。利用钩编织物地经纱的编织特点,机上编织时按设计的边牙形态固结边牙,待织物下机后,拆去地经纱即可形成边牙。

(2)纬纱挡钩限制。钩编机上配有的纬纱挡钩装置,其主要作用是用来缓解衬纬纱的横移拉力的。利用纬纱挡钩的这一作用,将衬纬纱限制在边牙的设计长度上。

4. 包覆绳曲边的形成

钩编装饰带的曲边主要由包覆绳形成,为了使曲边形态自然,包覆绳排列平整,通常采用辅助地经纱结合辅助针的方式来实现。

(1)辅助地经纱。利用地经纱将曲边包覆绳先行固结,待下机后拆除地经纱即可。

(2)辅助针。利用加入边部的钩针对曲边包覆绳起"遮挡"的作用,利于包覆绳的曲边形成。

以上两种方法可以单独使用,也可以两者结合使用,以有利于形成优美的边部形态为标准。

四、钩编家纺装饰带工艺设计和产品开发

钩编家纺装饰带因产品结构、所采用的原材料不同,具体品种设计中有所不同,以下结合具体实例,对钩编装饰带的设计进行介绍。

(一)边牙钩编装饰带

1. 目的

以有光黏胶丝股线和黏胶纱为主要原料,包覆绳和捻合装饰绳为辅助原料,编织成具有边牙的钩编装饰带,装饰带外观风格独特,具有一定的装饰性。

2. 构思

装饰带采用双边边牙设计，双边边牙非对称错开配置。装饰带表面以包覆绳与装饰绳形成的波浪形图案配合边部形态。

3. 技术规格与工艺设计

（1）地经纱。选择直径为 0.2mm 涤纶单丝 2 根为一组，共 4 组。

（2）衬纬纱。纬梳 1 衬纬为底纬，由 4 根 50tex×3 黏胶长丝股线与 6 根 29.5tex×2 黏胶纱为一组；纬梳 2 与纬梳 4 衬纬为起花衬纬，采用直径为 1mm 的黏胶丝包覆绳；纬梳 3 也为起花衬纬，采用 50tex×3×3×3 的黏胶长丝捻合装饰绳。

（3）成品幅宽。内幅为 1.7cm；外幅，即包括边牙在内的幅宽为 3.7cm。

（4）织物纵密。26 横列/5cm。

4. 编织设计与工艺

（1）设备。普通花边钩编机。

（2）机号。10 针/25.4 mm。

（3）地经供纱。消极式。

（4）衬纬供纱。纬梳 2 与纬梳 4 的包覆绳采用积极式供纬，其余衬纬采用消极式供纬。

（5）纬梳组织。纬梳 1 为 5—16/16—3/3—16/16—1/1—14/14—1/1—12/12—1/1—14/14—3/3—16/16—5//；纬梳 2 为 1—1/1—1/1—1/1—1/1—4/4—1//；纬梳 3 为 4—1/1—1/1—1/1—4/4—4/4—4//；纬梳 4 为 4—4/4—1/1—4/4—4/4—4/4—4//。

（6）地经抽针。采用 | · | · | | · | | | · | · | · | 方式。其中方框内为形成边牙的辅助针，待装饰带下机后地经纱拆除即可。

5. 色彩设计

装饰带可以采用一色也可以混色，但混色设计色彩不可过多。本设计采用两色，产品效果如图 5-14 所示。

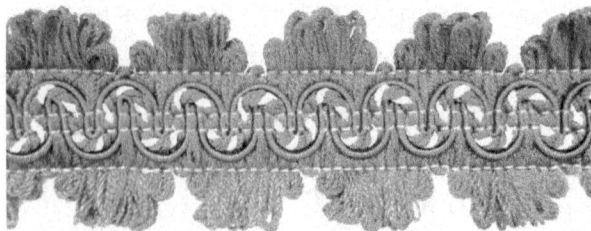

图 5-14 边牙钩编装饰带

（二）曲边钩编装饰带

1. 目的

曲边钩编装饰带以包覆绳为主要原料，采用钩编编织结构，其外观独特，立体感强。

2. 构思

装饰带采用双边曲边的边部设计,中间以波浪衬纬压伏包覆绳,采用双条曲边包覆绳,以突出产品的装饰性。

3. 技术规格与工艺设计

(1)地经纱。选择 φ0.2mm 涤纶单丝 2 根为一组,共 5 组。

(2)衬纬纱。纬梳 1 衬纬为衬底纬纱,由 5 根 50tex×3 黏胶长丝股线组成;纬梳 2 与纬梳 3 为曲边包覆绳,采用 φ1mm 黏胶丝包覆绳 + φ1mm 勒绉黏胶丝包覆绳;纬梳 4 为最上层波浪衬纬,由 2 根 50tex×3 黏胶长丝股线为一组,共 5 组。

当包覆绳直接起花且花型跨度较大时,为保证起花包覆绳圆弧花型过渡自然,应使包覆绳具有充分的弹性。为了做到这一点,通常在包覆此类包覆绳时,在芯纱中加入 φ0.4mm 左右的涤纶单丝,这样才能使其形成自然、圆润且饱满的花型图案。

(3)成品幅宽。内幅 1.2cm;外幅,即包括曲边在内的幅宽为 2.5cm。

(4)织物纵密。20 横列/5cm。

4. 编织设计与工艺

(1)设备。普通花边钩编机。

(2)机号。10 针/25.4 mm。

(3)地经供纱。消极式。

(4)衬纬供纱。纬梳 2 与纬梳 3 的包覆绳采用积极式供纬,其余衬纬采用消极式供纬。

(5)纬梳组织。纬梳 1 为 1—7/7—1//;纬梳 2 为 1—9/9—9/9—9/9—9/9—9/9—9/9—9/9—1//;纬梳 3 为 1—1/1—1/1—1/1—9/9—1/1—1/1—1/1—1//;纬梳 4 为 1—2/2—1//。

(6)地经抽针。采用 | · | | | | | | · | 方式。其中方框内为形成曲边的辅助针。本例中纬梳 2 和纬梳 4 分别控制两根包覆绳,这样由同一梳栉控制的并列两根包覆绳,极易在横移过后产生重叠。解决的办法是采用恰当的钩针抽针方式,将并列的两根包覆绳分开,这样钩针两侧的包覆绳因有不同的送出量而在圆弧处并排排列,使弧线花型层次分明。

5. 色彩设计

色彩设计可以采用一色,也可以采用混色。其产品效果如图 5 – 15 所示。

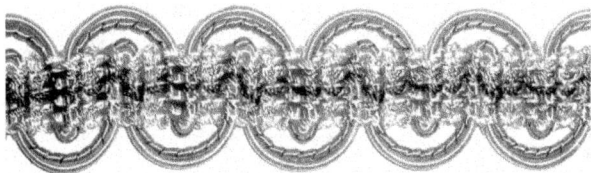

图 5 – 15　曲边钩编装饰带

(三)交叉结构钩编装饰带

交叉结构钩编装饰带属于特殊结构钩编织物,其特殊的结构形成了产品独特的外观纹理。

由于交叉衬纬与底纬起伏交织,使得交叉结构钩编装饰带具有不同于一般钩编织物的特殊结构,因此使得该类装饰带的编织技术不同于普通钩编产品。

交叉结构钩编花边的结构类型可归纳为以下几种。

一组交叉衬纬与底纬编织。此种结构是交叉结构装饰带的基本结构,常以窄带或较粗犷大气的绳、线为交叉纬,底纬采用普通纱线或包覆绳,形成交叉纬有序起伏的纹理形态。图5-16(a)为普通纱线与绒带编织的交叉结构装饰带,装饰带外观简捷明了,别具一格。

两组交叉衬纬与底纬编织。两组交叉衬纬与底纬编织是该类产品的主要结构形式,此结构形式又因两组交叉衬纬的位置关系不同而演变出不同的结构类型。

两组交叉衬纬规律相反是交叉结构花边的常见结构。两组交叉衬纬起伏规律完全相反,钩编织物结构类似于机织物的平纹组织。图5-16(b)为采用包覆绳编织的交叉结构装饰带,装饰带层次错落有致,花型结构粗犷清晰。

两组交叉衬纬规律重叠是交叉结构装饰带的特殊结构。两组交叉衬纬起伏规律并非完全相反,两组交叉衬纬由浮到沉的编织中有一共同的底纬。图5-16(c)为采用包覆绳为底纬,两组绒带为交叉纬,装饰带装饰效果独特优美。

(a)

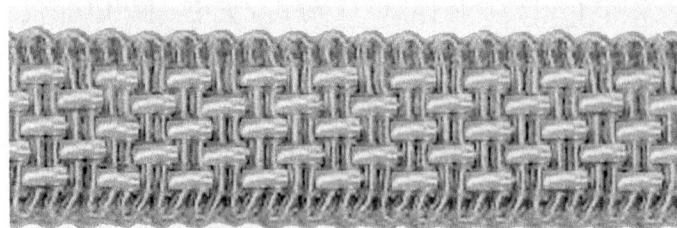

(b)

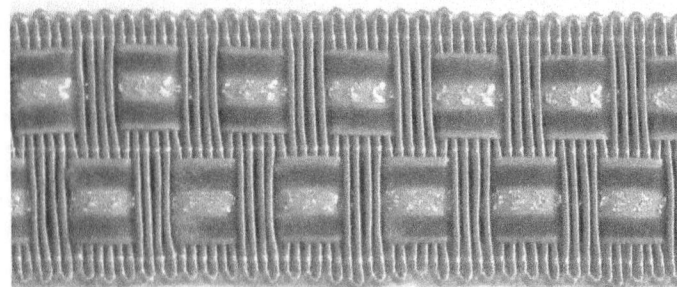

(c)

图5-16 交叉结构钩编花边结构类型

交叉结构钩编装饰带所用的原料种类总体来说比较广泛,只要是纺织纱、线、绳乃至带均可作为原料使用,但由于钩编装饰带多要表现粗犷清晰的纹理特点,因此,底纬与交叉纬的选择应有所不同。底纬为钩编装饰带的衬底,因此,原料一般可使用精致的纱、线及细包覆绳等,这样可使装饰带衬底紧密、密致;交叉纬为装饰带纹理表现的主要部分,可选择比较大气、粗犷的绳、带类为原料,即使采用纱、线等也应多根合并组合使用。

交叉结构钩编花边的花型主要通过交叉纬体现,因此,交叉纬在花边表面的"浮现"程度是装饰带花型表现的关键。交叉纬的浮现程度不能过短,过短会使得花型显得过于局促且有悖于钩编花边大气、清晰的纹理特点;交叉纬浮现程度也不能太长,太长又使得花型显得过于松垮、不紧凑。恰当的花型设计应使得交叉纬的浮现自然、协调且装饰带结构紧密、挺括。在图5-16中,以绒带为交叉纬时,绒带的浮现程度应近于方形;以包覆绳为交叉纬时,包覆绳的浮现应突出颗粒感,如此的花型设计才是恰当的。

由于普通钩编织物为衬纬重叠的层叠结构,因此,普通钩编织物纬针采用直针即可。由于交叉结构装饰带的特殊结构,因此,要求该结构的装饰带编织必须采用弯曲折形纬针,以此适应底纬与交叉纬的交叉结构编织。

如图5-17所示,当一组交叉衬纬与底纬编织时,采用底纬纬针折形配置,此时底纬以偶数纬的结构与交叉纬编织。

当两组交叉衬纬与底纬编织时,若交叉纬起伏规律相反,同样采用底纬纬针折形配置,当前交叉纬针在前,后交叉纬针在后,或前交叉纬针伸向后方,后交叉纬针伸向前方时,折形底纬针将偶数底纬引过织口实现编织。图5-18为前交叉纬针伸向后方、后交叉纬针伸向前方时,底纬针引入底纬的示意图。

当两组交叉衬纬起伏规律并非完全相反,交叉衬纬由浮到沉的编织中有一共同底纬时,应采用两组交叉纬针折形,底纬针为直针的配置形式,如图5-19所示。此时,当底纬针移动到中间位置时,两组交叉纬针交换位置进行编织,如此实现有一共同底纬位于交叉纬下方的编织结构。

受钩编机梳栉横移动程限制和特殊的

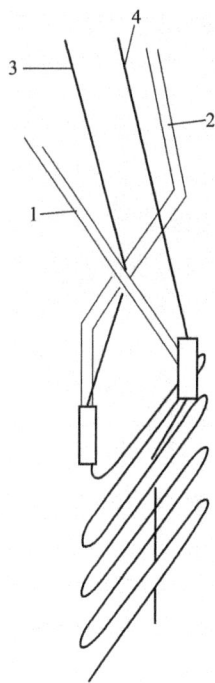

图5-17　一组交叉衬纬与底纬编织示意
1—交叉纬针　2—底纬针　3—底纬　4—交叉纬

编织结构影响,交叉结构钩编织物仅限于装饰带或花边织物即带织物。此种结构对于连接成片的织物是无法实现的,特别是两组交叉衬纬规律重叠结构仅限于两根交叉衬纬。这也正是交叉结构钩编花边的独特之处。

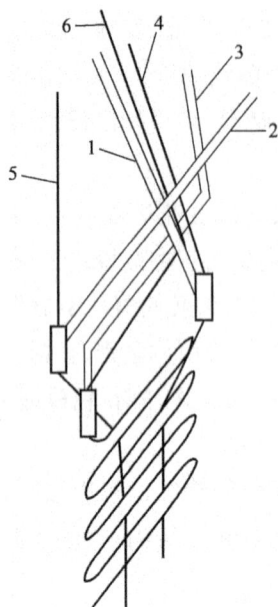

图 5 – 18　两组交叉衬纬规律相反编织示意
1、2—交叉纬针　3—底纬针　4、5—交叉纬　6—底纬

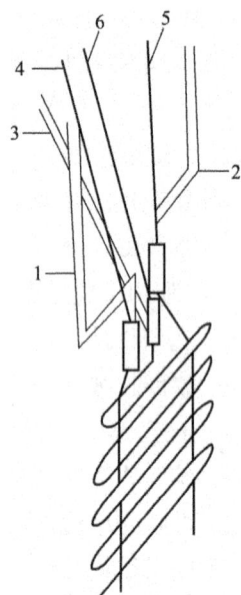

图 5 – 19　两组交叉衬纬规律有重叠编织示意
1、2—交叉纬针　3—底纬针　4、5—交叉纬　6—底纬

以下为图 5 – 16(c)的具体品种设计工艺。

1. 目的

采用包覆绳与绒带为原料,采用交叉钩编编织结构,使衬纬完成起伏交织,织成的钩编装饰带外观独特,粗犷且具有层次感。

2. 构思

装饰带采用包覆绳与绒带交叉编织,织物结构似机织物,两种材料相互交织、起伏错落,凸显了装饰带的装饰特性。

3. 技术规格与工艺设计

(1)地经纱。选择直径为 0.2mm 涤纶单丝 2 根为一组,共 5 组。

(2)衬纬纱。纬梳 1 采用直径为 1mm 的有光黏胶丝包覆绳为衬底纬纱;纬梳 2 与纬梳 3 采用绒带为交叉衬纬。包覆绳作为衬底纬纱参与编织,要求包覆绳结构松紧适中。包覆绳过松,会使其在梳栉横移中被纬针磨破而漏芯;包覆绳过紧过硬,又会使其在编织过程中不易转折,造成装饰带边部不够整齐,同时也会造成边部地经纱受包覆绳横移的较大拉力作用,使垫纱运动不能正常实现,造成正常编织受阻。因而该类装饰带的包覆绳,应选择较柔软的黏胶纱、腈纶纱等为芯纱,同时适当控制包覆锭速,保证包覆绳刚柔适中。

(3)成品幅宽。3cm。

(4)织物纵密。32 横列/5cm。

4. 编织设计与工艺

(1)设备。特殊花边钩编机,钩编机必须配备交叉装置。

（2）机号。10 针/25.4 mm。

（3）地经供纱。消极式。

（4）衬纬供纱。消极式。

（5）纬梳组织。纬梳 1 为 1—5/5—1//，梳栉动程放大 3 倍；由于交叉纬梳控制花轮与衬纬梳控制花轮速比为 2：1，因此交叉纬梳 2 为 1—9/9—9/9—9/9—9/9—9/9—9/9—1//；交叉纬梳 3 为 1—1/1—1/1—1/1—9/9—1/1—1/1—1/1—1//。

（6）地经抽针。采用 ‖‖·‥‥‖·‥‥‖‖ 方式。

（7）地经纱张力。以包覆绳为衬底纬纱的钩编装饰带，由于包覆绳的结构不同于纱线类原料，使得钩编织物衬纬的可密性下降。因此，在编织此类密致包覆绳衬纬织物时，为了加大包覆绳衬纬的密度，通常要求地经纱应具有较小的线密度和较大的弹性。同时，应适当加大地经纱的张力，这样才能最大限度地增加钩编织物的衬纬密度，从而使包覆绳衬纬排列密实，外观紧凑。

（8）纬针形式。纬针 1 为直针，纬针 2 与纬针 3 为折针。具体形式如图 5-19 所示。

5. 色彩设计

色彩设计可以采用一色，也可以采用混色。采用混色时应以突出交叉衬纬为主。

（四）套圈结构钩编装饰带

套圈结构钩编装饰带也是装饰带中的特殊结构。套圈花型是以包覆绳或细装饰绳为衬纬，由钩编机特殊的套圈装置成圈后实现编织的。常见的套圈花型如图 5-20 所示。这些套圈花型或单独使用，或组合使用，既可以独立形成装饰带，也可以衬托于底层衬纬之上，形成丰富多彩的套圈结构钩编装饰带。

套圈结构花型是利用钩编机特殊的机前套圈衬纬梳栉实现编织的。在套圈衬纬梳栉的带动下，套圈纬针在机前将套圈衬纬绕行于钩针前端，钩针在垫纱运动后，地经将衬纬套圈固结，从而完成套圈花型的编织。套圈纬针绕行钩针的形式由套圈花链控制，实际生产中，通过设计套圈衬纬梳栉组织即可完成相应套圈花型的设计。

1. 两种套圈花型组合的钩编装饰带工艺设计

（1）目的。以包覆绳与黏胶丝股线为主要原料，采用以套圈结构为主的编织结构，织成直边钩编装饰带，装饰带带面由套圈花型构成，装饰带风格独特，装饰性强。

（2）构思。装饰带采用两边对称的螺旋套圈花型，中间配合八字形套圈花型，装饰带两边

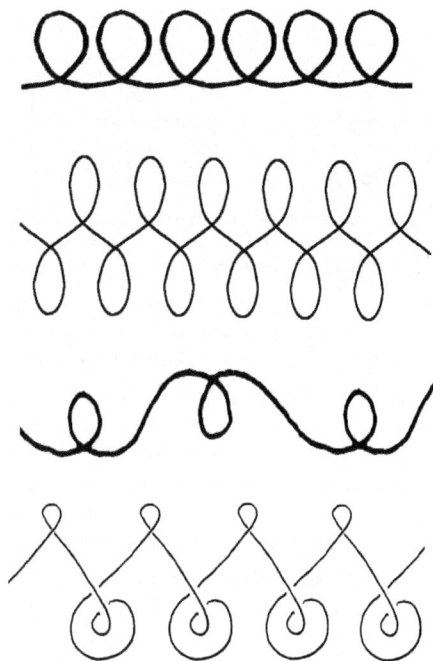
图 5-20　常见套圈花型

厚实饱满,中间镂空通透,结构独特。

(3)技术规格与工艺设计。

①地经纱。选择直径为 0.2mm 涤纶单丝 2 根为一组,共 4 组。

②衬纬纱。纬梳 1 采用 33.3tex×3 黏胶丝股线共 6 根;纬梳 2 采用 33.3tex 涤纶网络丝;套圈纬梳 1 采用直径为 1mm 黏胶丝包覆绳;套圈纬梳 2 采用直径为 1mm 勒绉黏胶丝包覆绳;套圈纬梳 3 采用直径为 1mm 黏胶丝包覆绳。其中,纬梳 1 为衬底纬纱,纬梳 2 为辅助衬纬,套圈纬梳 1、套圈纬梳 2 及套圈纬梳 3 形成套圈花型。为了使套圈包覆绳花型圆弧过渡自然、圆润,因此,要求包覆绳应具有一定的弹性。但因这类装饰带中包覆绳花型通常跨度较小,因此对包覆绳的要求应是满足弹性要求的同时,还要具有较好的柔软性。所以,这类包覆绳包覆时,要在芯纱中加入较细的涤纶单丝,使包覆绳弹性、柔性兼备。通常的做法是在芯纱中加入直径为 0.2mm 左右的涤纶单丝。

③成品幅宽。2.5cm。

④织物纵密。26 横列/5cm。

(4)编织设计与工艺。

①设备。特殊花边钩编机。

②机号。10 针/25.4 mm。

③地经供纱。消极式。

④衬纬供纱。套圈衬纬为积极式,其余衬纬为消极式。

⑤纬梳组织。纬梳 1 为 1—6/6—1//;纬梳 2 为 1—3/3—1//。套圈纬梳控制花轮与衬纬梳控制花轮速比为 5:1,因此套圈纬梳 1 为 1—1/1—1/1—1/1—1/1—1/1—1/1—1/1—1/1—1/1—1/1—1/1—1/1—1/1—1/1—1/1—1/1—3/3—1//;套圈纬梳 2 为 1—1/1—1/1—1/1—1/1—1/1—1/1—1/1—1/1—1/1—3/3—1/1—1/1—1/1—1/1—1/1—1/1—1/1—1//;套圈纬梳 3 为 4—4/4—4/4—4/4—4/4—4/4—4/4—4/4—4/4—4/4—1/1—4/4—4/4—4/4—4/4—4/4—4/4—4/4—4/4—4/4—7/7—4//。

⑥地经抽针。采用 |··|···|··| 方式。

⑦辅助措施。该类产品编织过程中,由于有衬纬底纱与包覆绳处于同一地经编链中,虽然包覆绳梳栉排列在衬底纬纱梳栉之上,但编织中极易出现包覆绳被衬纬底纱"淹没"的现象。此时,在梳栉有余的前提下,可在衬底纬纱与包覆绳套圈纬纱之间设一辅助衬纬。如本设计的纬梳2,纬梳2控制的辅助衬纬将衬底纬纱与套圈包覆绳"隔开",可使包覆绳套圈花型清晰、连续。

(5)色彩设计。装饰带可以采用一色也可以采用混色。混色设计应突出套圈衬纬特点,两部分色彩不同,可增强装饰带的立体感,突出装饰特性。产品效果如图 5-21 所示。

2. 双圈套圈花型钩编装饰带的工艺设计

(1)目的。以包覆绳为套圈原料,采用双圈套圈钩编结构,编织形成曲边装饰带,装饰带风格独特,装饰性强。

(2)构思。装饰带采用两边对称的双圈套圈结构。由于双圈套圈结构花型编织的复杂性,

图 5-21 套圈结构钩编装饰带

设计中钩编装饰带中间花型暂空出,待装饰带下机后再以其他适配的窄带与其缝合形成完整的装饰带饰品。这种组合方法也是家纺装饰带和家纺花边设计中常用的方法,适用于结构复杂,钩编或织造无法一次完成产品的设计。

钩编机上双圈的形成是由纬纱挡针配合套圈纬针共同完成的。在形成套圈的钩针两侧各配置了一枚挡针,套圈梳栉带动纬针第一次环绕成圈钩针时,纬针输出的包覆绳实际上绕在了钩针两侧的挡针上形成外层套圈,套圈梳栉带动纬针第二次环绕钩针时,挡针回退,此时,包覆绳直接绕在钩针上形成了内层套圈。两层套圈由地经编织固结,形成双圈套圈花型。

(3)技术规格与工艺设计。

①地经纱。选择直径为 0.2mm 涤纶单丝 2 根为一组,共 5 组。

②衬纬纱。纬梳 1 采用 33.3tex×3 黏胶丝股线共 6 根;套圈纬梳 1、2 均采用直径为 1mm 黏胶丝包覆绳。其中,纬梳 1 为衬底纬纱,套圈纬梳 1、2 形成外侧双套圈、内侧单套圈的套圈花型。为保证套圈包覆绳花型圆弧过渡自然、圆润,包覆绳设计中同样采用芯纱中加入细涤纶单丝的方法。

③成品幅宽。3.5cm。

④织物纵密。25 横列/5cm。

(4)编织设计与工艺。

①设备。特殊花边钩编机。

②机号。10 针/25.4 mm。

③地经供纱。消极式。

④衬纬供纱。套圈衬纬为积极式,底纬纱为消极式。

⑤纬梳组织。纬梳 1 为 1—6/6—1//。套圈纬梳 1 为 1—3/3—3/3—3/3—3/3—9/9—3/3—3/3—3/3—9/9—3/3—3/3—3/3—3/3—3/3—3/3—3/3—3/3—1//;套圈纬梳 2 为 9— 7/7—7/7—7/7—7/7—1/1—7/7—7/7—7/7—7/7—1/1—7/7—7/7—7/7—7/7—7/7—7/7—7/7—7/7—9//;双圈挡针组织为 9—1/1—1/1—1/1—1/1—5/5—5/5—5/5—5/5—5/5—9/9—1/1—1/1—1/1—5/5—5/5—5/5—5/5—9//。

⑥地经抽针。采用 ▯|▯ · | · · | · · | · ▯|▯ 方式。方框内为挡针位置。

(5)中间窄带的选择。窄带应在色彩、款式及几何尺寸方面与双圈装饰带协调配合,图

5－22(a)为本设计的双圈装饰带,图5－22(b)为一款中间配置了绒带的装饰带,图5－22(c)为一款中间配置了"蜈蚣"带的装饰带,两款装饰带风格迥异,各具装饰特征。

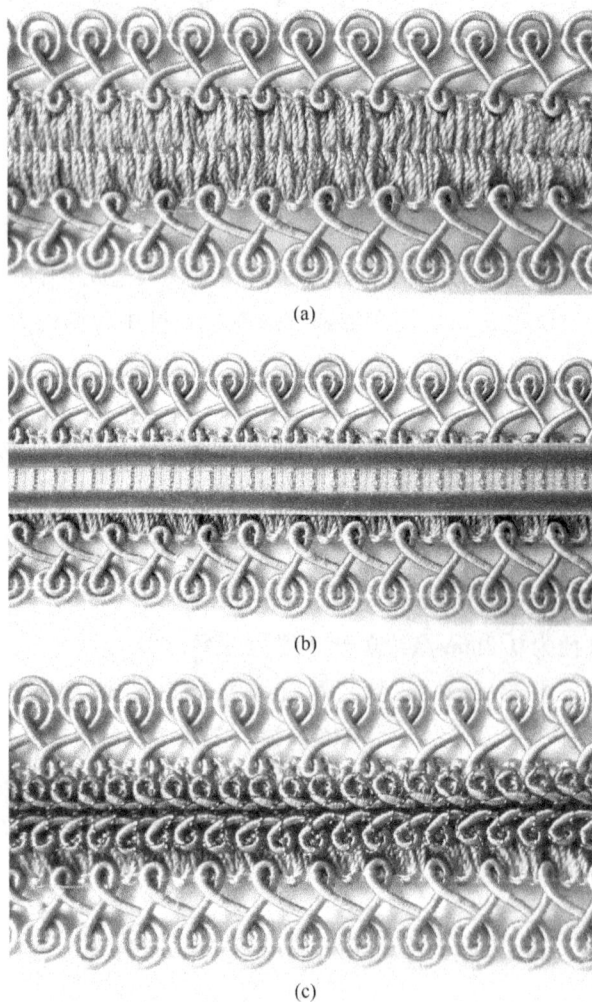

(a)

(b)

(c)

图5－22　双圈套圈结构钩编装饰带

(6)色彩设计。装饰带可以采用一色设计,也可以采用混色设计,混色设计应突出双圈套圈的特点。

五、钩编装饰带编织中的常见问题

钩编装饰带在编织过程中会出现相应的产品质量问题,编织中应针对出现的不同问题采取相应的技术措施或对工艺采取相应的调整。

（一）弯带

钩编装饰带在长度方向产生弯曲,直接影响装饰带的外观和使用。编织中产生弯带的原因主要有以下几点。

（1）地经纱张力差异。钩编装饰带的地经纱一般为消极式织入,因此,地经纱张力的控制将直接影响装饰带的编织质量。当装饰带两侧地经纱的张力出现差异时,装饰带就会出现弯带现象,一般是张力小的一侧弯向张力大的一侧。重新调整地经纱张力,及时检查装饰带弯带情况,待装饰带平直织出时,张力调整即结束。

（2）地经纱选用不当。装饰带编织中采用双根地经纱时,一侧的地经纱缺根,或两侧的地经纱选用的批号不同都会造成地经纱编织的差异,这种差异的表现即弯带的产生。编织中必须操作得当,消除地经纱的差异。

（3）钩针不脱扣。编织中偏钩针无规律的不脱扣,特别是边部的偏钩针不脱扣,会造成地经纱抽紧而出现弯带,此时,及时更换偏钩针即可。

（二）地经纱脱织

所谓地经纱脱织是指地经纱时而正常编织时而脱出没有织入的现象。此种织疵不易察觉,编织中应严格管理,细致操作。地经纱脱织的原因有以下几点。

（1）地经纱垫纱不当。地经纱垫纱不可靠,偏钩针对地经纱时而漏钩时而钩入,导致地经纱出现脱织。此时,应检查地经纱导针位置和垫纱时间,纠正偏差,使地经纱正常垫纱即可消除地经纱脱织。

（2）偏钩针钩纱不可靠。偏钩针钩头垫纱缝隙过小或钩头受损,使得垫纱出现漏钩而导致地经纱脱织,此时应及时更换偏钩针。

（3）地经纱张力过小。地经纱在具有一定张力条件下才能在垫纱运动中嵌入偏钩针的钩头中,若地经纱张力过小,垫纱将出现偏差,易造成地经纱脱织,此时需加大地经纱张力才能避免脱织。

（4）纬针位置不当。纬针位置不当会使纬针横移时与地经纱相碰,影响地经纱的正常垫纱,从而产生脱织。

（三）起花衬纬跳花

起花衬纬没有被地经纱钩编织入即称作跳花,装饰带上起花衬纬会出现阶段性的漏织。跳花将直接影响钩编装饰带外观花型的完整性。跳花产生的原因有以下几点。

（1）纬针位置不当。主要指纬针的高低位置稍高,起花衬纬在纬针的引导下虽然横移到位,但由于起花衬纬高出地经纱钩编位置,致使地经钩编无法将起花衬纬织入,造成跳花。

（2）纬梳移位不到位。装饰带编织加工中,对于使用衬纬梳栉较多的产品,由于最外端梳栉离织口较远,致使相应纬针引导的衬纬自由纱段较长。此时,外端纬梳横移若仍采用与内端纬梳相同方式,就会造成起花衬纬移动不到位而漏织,产生跳花。此时应将外端纬梳的横移量稍加大,以起花衬纬能够正常织入为准。

（四）幅宽不匀

与机织装饰带出现的织疵相同,钩编装饰带在幅宽上时宽时窄。虽然变化幅度不大,但由于装饰带产品本身幅宽狭窄,因此,幅宽上的微小变化就会反映出来。造成钩编装饰带幅宽不匀的原因主要有以下几点。

（1）衬纬纱张力不匀。由于钩编装饰带加工中衬纬大多为消极式送纱,因此,编织中形成边部的衬纬若出现张力忽大忽小、控制不当的现象,反映在装饰带上便是幅宽不匀。此时,应消除产生衬纬纱张力不匀的因素,如改善衬纬纱供纱筒子成形、严格控制衬纬纱张力等,才能避免幅宽不匀的产生。

(2)地经纱张力不匀。地经纱张力不匀,特别是装饰带边部的地经纱张力不匀,也会使装饰带在幅宽上产生不匀。边部地经纱张力的大小会对衬纬横移输出的纬纱量产生影响。地经纱张力小时,地经纱对衬纬的阻挡作用小,衬纬输出的少则装饰带较窄;反之,地经纱张力大时,地经纱对衬纬的阻挡作用大,衬纬输出较多,装饰带则相对较宽。实际生产中,应控制地经纱张力稳定,确保装饰带幅宽的均匀。

第六章 家纺花边设计

家纺花边是装饰带以外另一大类家纺配饰产品。家纺花边是在家纺装饰带的基础上发展而来的,是通过产品的材质、色彩、款式等来实现装饰目的,是实用性与艺术性相结合的一类产品。家纺花边作为家用纺织品中不可缺少的辅件产品,或单独使用,或作为其所依附的主饰品的装饰配件,起着独特的装饰作用。本章将介绍家纺花边的设计及产品开发。

第一节 家纺花边的种类

一、按外观形态分类

家纺花边按外观形态可分为缨边花边、饰物花边、绳辫花边、毛须边等。

(一)缨边花边

缨边花边是在装饰带的基础上,在装饰带的边缘处利用延长的纬纱编织出具有不同长度的缨状须边,其形成原理与边牙相同。缨边与边牙的区别在于,缨边的几何尺寸通常较长,外观表现以飘逸流畅为主;边牙则较短,外观以挺拔耸立为主。缨边花边如图6-1所示。

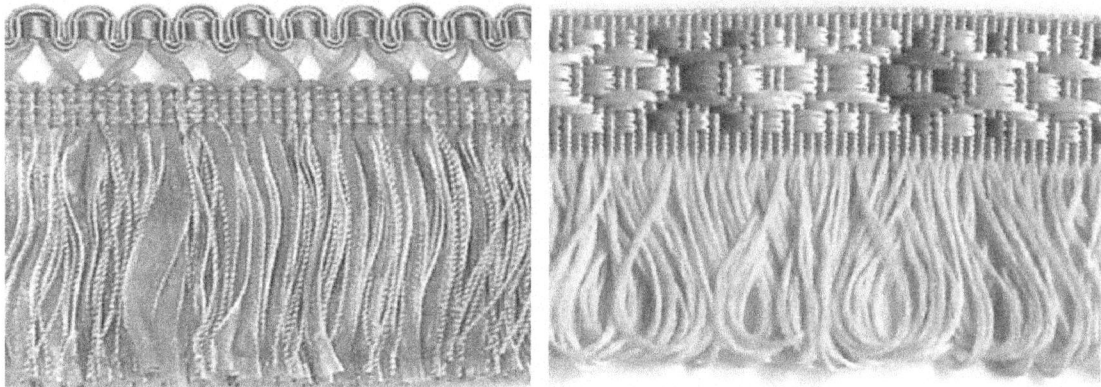

图6-1 缨边花边

(二)饰物花边

饰物花边是在装饰带、缨边花边的基础上,以手工的方法在其边缘处饰以各类饰物形成,这些饰物包括各类珠子、包覆球以及小流苏等。因此,该类花边通常又以饰物命名,相应称作珠子花边、包覆球花边、流苏花边等。饰物花边主要用在家用纺织品的边缘处,对家用纺织品起修饰点缀作用;同时又因为花边上饰物重量的作用,使得窗帘等挂帷装饰织物的悬垂感得以增强。饰物花边如图6-2所示。

图6-2　饰物花边

(三)毛须边

毛须边是将多股纬纱以钩编或机织的方法进行固结形成的丰满柔和的须状花边产品,毛须边较缨边厚实饱满、自然散脱,给人以亲和、自然的感觉。毛须边如图6-3所示。

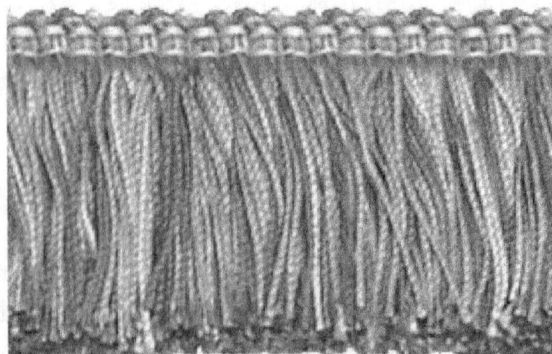

图6-3　毛须边

（四）绳辫花边

绳辫花边是采用加捻包覆绳编织的花边,具有圆润、饱满的"绳辫"外观而得名,其装饰性强,是家纺装饰品常用的花边产品。绳辫花边如图6-4所示。

图6-4　绳辫花边

二、按加工方法分类

家纺花边是采用机器加工与手工加工相结合的产品,家纺花边也可以采用相应的加工方法进行分类。

（一）机织家纺花边

家纺花边采用机织的方法织出装饰带的同时,又可织出缨边花边、绳辫花边等。

（二）钩编家纺花边

采用机织的各类家纺花边,包括缨边花边、绳辫花边、毛须边等均可用钩编机加工。

（三）手工花边

手工花边是指在小样机或有梭织带机上,采用手工编织的方法引纬,并对引入的纬纱进行编结而形成的家纺花边,如绳辫花边、装饰带等。

第二节 缨边花边设计

缨边花边可以采用机织与钩编的方法生产,由于生产方法的不同,在产品设计上也有所不同。

一、机织缨边花边设计

机织缨边花边是在装饰带的基础上,利用纬纱的延伸,使纬纱延长在装饰带之外,从而构成缨边效果,因此缨边花边是由装饰带和缨边两部分组成。装饰带为缨边花边的主体部分,缨边则起到修饰、衬托的作用,两部分同时织造完成,形成具有独特装饰效果的家纺配饰产品。由于机织缨边花边是在机织装饰带的基础上形成的,因此,设计中与装饰带相同的部分在此不再赘述,以下仅对缨边的形成和设计进行阐述。

(一)缨边长度设计

对于缨边花边,缨边的长度总体上应满足花边的美感形态要求。根据缨边的长度排列形态,缨边可以设计为同一长度形态或不同长度形态。不同长度形态的缨边排列以波浪形为主。对于波浪形的过渡,长度阶差不应少于三个层次,过少会使波浪形过于呆板,过多则增加了织造难度。同一长度形态缨边的长度则以不短于装饰带宽度为佳,过短会使缨边显得局促、拘谨,花边的美感受到影响。

(二)织造工艺

1. 纬纱的准备

为了显示出缨边流畅飘逸的特点,缨边花边织入一梭时的纬纱根数较多。同时,由于织入一梭时送出的纬纱较长,再加上有梭织带机切向送出纬纱的特点,要求缨边花边织造过程中纬纱的送出张力必须均匀。因此,缨边花边所用纬纱应经过柔顺处理。同时,卷纬工序应满足多根纱线间张力均匀一致的要求,这样才能保证织造的缨边花边边部整齐、自然。在满足边部整齐的前提下,纬纱张力以小为宜。

2. 穿箭

由于形成缨边一侧的地经纱没有交织完成的织物作为依托,因此,此处形成的花边带织物的经密较小,边经纱外移,织物较为松软,此时可采用下列方法解决。

(1)采用逐渐增加边部箱齿穿入数的方法。若中间每箱齿穿入数为 3 根,则边部每箱齿穿入数可为 4 根、5 根,这样可保证边部经纱与纬纱的正常交织。

(2)在边缘箱齿内穿入一根强度高、张力大的特线(边线),用来控制边经纱的外移,可防止边部密度偏小,织造完成后可将特线除去。

在有梭织带机上,缨边花边正常成边的一侧因为纬纱的张力收缩,引起花边边缘处经纱密度偏大,此时可采用逐渐减小边部箱齿穿入数的方法。若中间每箱齿穿入数为 3 根,则边箱齿穿入数可为 2 根,同时边缘处采用边部特经(钢丝),以保证边部的整齐。

3. 缨边的形成

机织有梭织带机上缨边的形成与边牙的形成原理相同。由于缨边的长度较边牙要长,控制缨边长度的特经钢丝要能够满足纬纱形成缨边的要求,因此需采用较粗且具有一定刚性的钢丝。此时,特经钢丝一般由织机的后几片综控制,由加强型综丝控制形成缨边。

由于受机织织带机幅宽织造能力的限制,采用装饰带纬纱延长直接形成缨边的方法,缨边长度会受到限制。若要实现较长缨边长度设计,可采用间接方法实现,即采用装饰带与缨边分别织造的方法,待两者下机后通过缝合实现缨边花边的设计。

(三)机织缨边花边工艺设计及产品开发

以下结合一款等长缨边花边具体实例,对机织缨边花边设计进行介绍。

1. 目的与构思

以黏胶纱与有光黏胶丝为原料,装饰带部分为平纹地配合经花的经二重组织,边部为等长形态的缨边织成缨边花边,花边外观独特,装饰效果明显。

2. 技术规格与工艺设计

(1)经纱组合。地经纱 29.5tex×2 黏胶纱;花经纱为 33.3tex 有光黏胶丝 6 根一组。

(2)纬纱组合。33.3tex×3 有光黏胶丝股线 5 根一组。由于纬纱要形成缨边,所以纬纱需要选择悬垂性能优良的材料。在家纺花边中一般选择长丝类股线,如黏胶丝股线、蚕丝股线等。

(3)经纱根数。地经 49 根;黏胶丝花经共 2 色,每色 13 组。

(4)成品幅宽。装饰带幅宽为 2.4cm,包括缨边在内的花边幅宽为 5.2cm,即缨边长度为 2.8cm。

(5)筘号。选择 100 齿/10cm 的筘齿。

(6)筘齿数。装饰带部分共 25 齿,空 28 齿,缨边特经钢丝一齿。

(7)地经与花经排列比。由于花经为 2 色,为了突出经花,采用地经:花经 = 1:1 的排列比。

(8)经纱排列。按照排列顺序,地经、花经 a、花经 b 相应的经纱排列依次为地经 12 根、(花经 a1 组、地经 1 根、花经 b1 组、地经 1 根)共 12 次、花经 a1 组、地经 1 根、花经 b1 组、地经 12 根。

(9)穿筘。装饰带部分地经花经 3 入,空 28 齿,缨边特经钢丝一齿。

(10)纬纱密度。56 组/10cm。

3. 织造设计与工艺

(1)基本组织。地组织为平纹,配合花经起花。

(2)上机图。如图 6-5 所示。组织图只将花经做出,地经没有做出,实际穿综顺序为:地组织平纹部分经纱穿入前 2 片综,左右两边各 6 个平纹循环,中间 3~6 片综穿花经 a,7~10 片综穿花经 b,特经钢丝穿入第 14 片综。

(3)织机。有梭织带机。

(4)织轴。平纹经纱一轴,花经经纱一轴。

4. 色彩设计

平纹地一色,花经 a 与花经 b 采用鲜艳色彩,两部分色彩不同,可增强装饰带的立体感,突

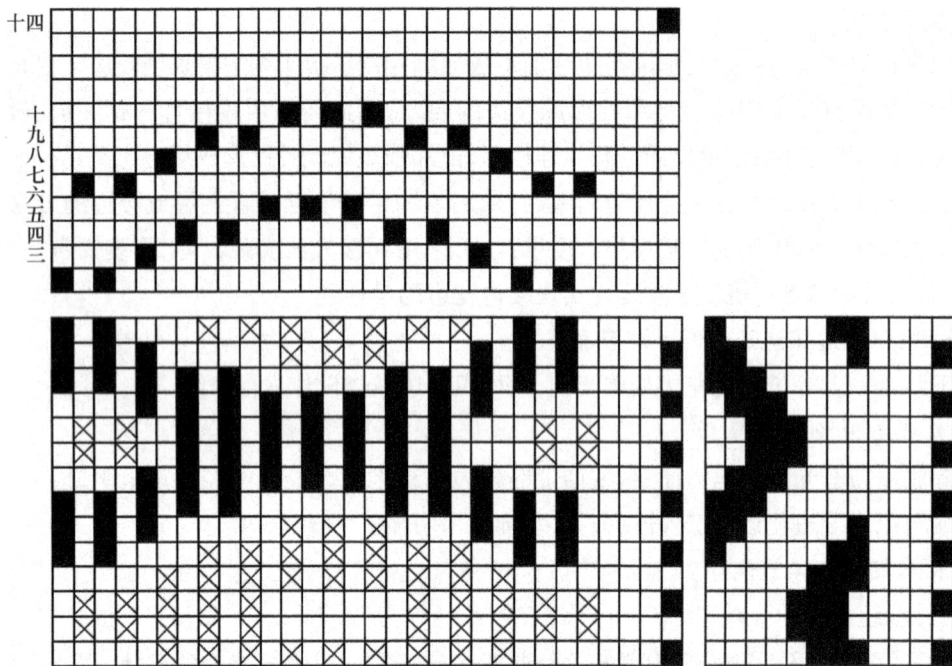

图 6 - 5　缨边花边上机图

■—花经 a 经组织点　　⊠—花经 b 经组织点

出装饰特性。产品效果如图 6 - 6 所示。

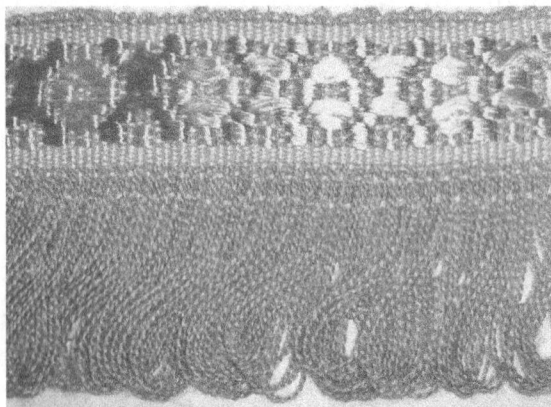

图 6 - 6　机织缨边花边图例

二、钩编缨边花边设计

钩编缨边花边是在钩编装饰带的基础上,在装饰带的边缘处编织出具有不同外观、不同长度的缨边,或直接使用,或利用手工在缨边上饰以各种形式的饰物后成为装饰产品。

(一)缨边设计

钩编缨边花边的缨边的形式、缨边长度设计与机织缨边花边一样,在此不再赘述。由于钩编花边由多组衬纬形成,因此钩编花边的缨边可以由底衬纬直接形成,也可以由专门的缨边衬纬形成。由底衬纬直接形成缨边,即缨边衬纬为装饰带衬纬的延长部分,此时,一组衬纬要兼顾装饰带与缨边的双重要求,因此形成的缨边在密度、形式等方面受限制,但也正是因为是一组衬纬,形成的缨边与装饰带之间连贯统一、顺爽一致;由专门的缨边衬纬形成缨边,即在装饰带的基础上,由专门的缨边衬纬与装饰带"对接"编织,形成缨边,此方法缨边设计灵活,选择性强,但编织难度相对较大。通常情况下,当缨边较长或装饰带衬纬无法延长形成缨边时采用此种方法。

(二)编织技术及分析

1. 缨边的形成

钩编机上缨边的形成较机织方法灵活多样,可以采用纬纱挡钩直接形成,也可以采用地经纱固结间接形成,不同的形成方法形成的缨边特征略有不同。

(1)直接法。衬纬纱在纬针的带动下在缨边形成处由纬纱挡钩定位。此种方法缨边成形便捷,但形成的缨边易在卷取辊处产生堆积,从而造成产品纬密不匀。此种方法在纬密较小、缨边长度相对较短时可以采用,纬密较大时不宜采用。

(2)间接法。形成缨边的衬纬采用地经纱正常编织,形成钩编织物,织物下机后拆除固结缨边的地经纱便可形成缨边花边。此方法形成的产品纬密密致,缨边排列均匀。

与机织缨边花边相同,由于受钩编机梳栉横移量的限制,若要实现较长缨边长度的设计,有时会超出钩编机的编织能力,此时,同样可以采用装饰带与缨边分别编织的方法,待两者下机后通过缝合来实现缨边花边的设计。

2. 设备要求

钩编机要满足缨边形成的需要,纬梳的横移动程需加大。此时,在梳栉横移距离允许的范围内,可以采用加大钩编机链块号数的方法。若形成的缨边长度超出梳栉横移允许的范围,则钩编机必须配有梳栉动程放大装置。由于形成缨边的衬纬纱的横移距离较大,因此,衬纬纱对边经纱的垫纱角度产生非常大的影响。此时,若钩编机配有纬纱挡钩装置,用挡钩缓解衬纬纱的横移拉力,则可大大缓解此影响。

3. 技术要求

缨边花边的生产技术要求不同于普通带类钩编织物,不同之处在于缨边的形成。由于随着形成缨边的衬纬纱动程的加大,编织难度也随之加大,所以加工过程中需做好以下几点。

(1)衬纬纱张力。在满足边部整齐的前提下,张力以小为宜。

(2)地经纱张力。采用间接法形成缨边时,形成缨边对侧的地经纱,受到衬纬纱横移拉力的影响非常大,其垫纱角度较难实现。此时,除增加经纱的张力外,适当增加经纱的根数和针数也可缓解纬纱横移对垫纱角度的影响。

(3)纬纱挡钩的时间配合。在配备纬纱挡钩的设备上,挡钩的时间配合一定要准确。

(4)梳栉动程放大倍数。梳栉动程放大倍数应适当,倍数过小,链块号数增大,钩编机运行震动大;放大倍数过大,虽然减小了链块的号数,钩编机运行相对平稳,但对于放大臂杆的作用力加大,易造成机件损坏。

(三)钩编缨边花边工艺设计及产品开发

以下结合一款缨边花边实例,对钩编缨边花边设计进行介绍。

1. 目的与构思

以有光黏胶丝股线为原料,设计一款钩编缨边花边。装饰带部分采用黏胶丝捻合绳编织衬纬花,缨边部分为等长度形态,底部衬纬直接形成缨边。此款缨边花边外观新颖,装饰效果佳。

2. 技术规格与工艺设计

(1)地经纱。选择 33.3tex 涤纶网络丝 2 根为一组,共 8 组。

(2)衬纬纱。纬梳 1 衬纬由 8 根 33.3tex×4 有光黏胶长丝股线组成,为装饰带底纬与缨边衬纬;纬梳 2 由 6 根 33.3tex×4 有光黏胶长丝股线组成,为直线纬花;纬梳 3 与纬梳 4 采用 50tex×3×3×3 的黏胶长丝捻合装饰绳,形成装饰纬花,同时压伏纬梳 2 的直线纬花。

(3)成品幅宽。装饰带部分宽为 2.2cm,外幅 5.6cm,即缨边长度 3.4cm。

(4)织物纵密。30 横列/5cm。

3. 编织设计与工艺

(1)设备。普通花边钩编机。

(2)机号。10 针/25.4mm。

(3)地经供纱。消极式供纱。

(4)衬纬供纱。消极式供纬。

(5)纬梳组织。纬梳 1 为 1—9/9—1//,梳栉动程放大倍数为 3 倍;纬梳 2 为直线纬花,因此纬梳组织为空;纬梳 3 为 1—1/1—1/1—1/5—5/5—5/5—5//;纬梳 4 为 5—5/5—5/5—5/1—1/1—1/1—1//。

(6)地经抽针。采用 | | · | · | · | | | · · · · · · · · |「|」· · · · | 方式。其中方框内为形成缨边的辅助针,待装饰带下机后地经纱拆除即可,最后一针位置为纬纱挡钩位置,缨边形成采用地经固结与挡钩辅助配合完成。

4. 色彩设计

缨边花边采用二色。纬花一色,底纬和缨边一色。产品效果如图 6-7 所示。

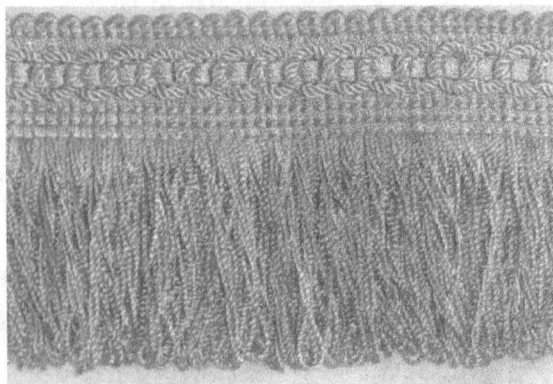

图 6-7 钩编缨边花边图例

第三节　饰物花边设计

饰物花边是在装饰带和缨边花边的基础上,采用具有装饰效果的饰物与之相连形成的。形成的饰物花边装饰性强,装饰效果明显,同时也是家纺配饰产品中长度类产品的主要形式。

一、饰物花边的种类

饰物花边通常以饰物的形式或类型分类。凡是具有装饰特性的物品均可作为饰物花边的饰物,饰物可以是单一形式的装饰品,也可以是几种装饰物的组合;可以采用纺织材料加工制作,也可以采用其他种类的装饰物品直接使用。根据饰物种类,饰物花边分类如下。

(一)纺织材料饰物花边

采用纺织材料制作的饰物,利用手工的方式与装饰带相连成为饰物花边。这类饰物花边包括流苏花边、绒球花边等。由于采用纺织材料制作饰物,因此相应的花边产品柔软、自然,与人体亲和性好,既可作为窗帘、沙发等的边饰,也可作为抱枕等与人体接触类家纺产品的边饰。

(1)流苏花边。饰物花边中最常见的产品,饰物中采用纱线制作成各种形式的小流苏为主要饰物,如须状流苏、灯笼状流苏等。

(2)绒球花边。采用腈纶等蓬松性能优良的纱线制作而成的各种规格的绒球,可与装饰带相连构成绒球花边。

(二)其他材料类饰物花边

采用其他材料饰物制作而成的饰物花边有多种,如水晶饰物、木珠饰物、金属饰物及贝壳、羽毛饰物等。

(三)混合类饰物花边

混合类饰物花边指采用几种形式的饰物组合形成饰物串,或由几种材料组合形成新形式的饰物。其常用于窗帘等挂帷类家用纺织品的边缘处,既起到修饰作用,也起到增强装饰织物悬垂感的作用。

(1)包覆球花边。采用纺织丝(纱)线将木珠等进行包覆可获得包覆球,采用包覆球与装饰带相连构成包覆球花边。包覆球的包覆方法可以采用丝(纱)线直接包覆,也可采用编织的方法进行包覆,不同的包覆方法,获得的包覆球外观纹理则不同。

(2)组合饰物串花边。此类花边为采用以上饰物组合形成饰物串后与装饰带相连形成的,其组合形式繁多,实际生产中此类饰物花边最为常见。常用的组合有包覆球水晶球组合、流苏包覆球组合等。

二、饰物花边的制作

(一)饰物花边的制作方法

在具备了装饰带的前提下,饰物花边的制作如图6-8所示。将装饰带固定于工作台上,操作者将事先制作好的饰物手工固结于装饰带的相应部位。流苏类的饰物也可在此时边制作边固结。饰物串也是在此时按照设计的顺序,依次进行穿吊固结。

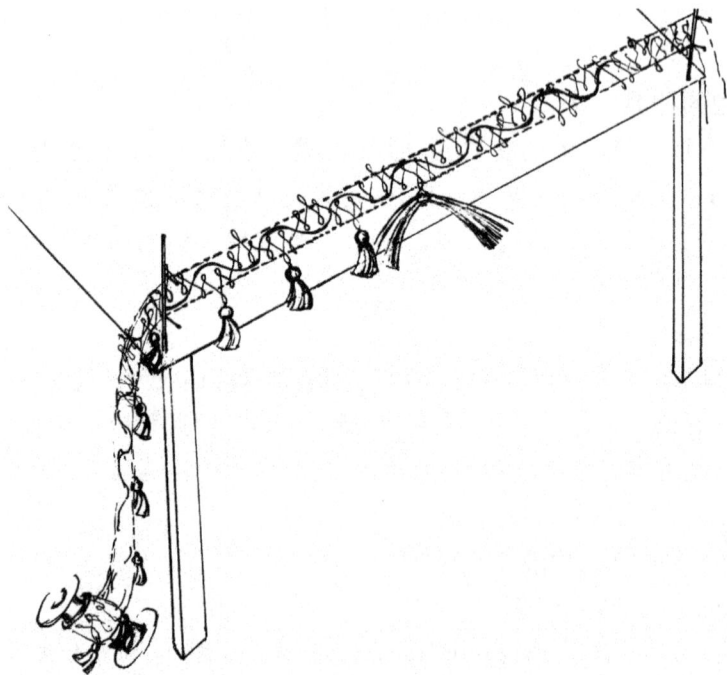

图6-8　手工制作饰物花边示意

(二)几种常见饰物的制作方法

(1)流苏。流苏的制作如图6-9所示。将事先准备好的一束纱线捆扎吊起,再用另一根纱线按图6-9(a)中的箭头方向绕行捆扎、系紧,经修剪后制作成图6-9(b)所示的小流苏。

图6-10为另一款灯笼流苏的制作。前期制作与普通流苏大体相同,只是在第一次捆扎中要预留数根长于其他须体的纱线,如图6-10(a)所示。按箭头方向进行第二次捆扎后,将预留的数根纱线向下抽紧打结,经修剪后即可形成如图6-10(b)所示的灯笼流苏。

小流苏的制作过程中,流苏纱线的根数视制作流苏的大小及纱线的粗细而定,一般由数十根到数百根不等,用于捆扎的纱线必须保证具有一定的强力。流苏上端头部及下端的须部长度、灯笼大小尺寸按设计要求而定,保证上下几部分协调、均匀、美观。

(2)包覆球。手工制作包覆球方法如图6-11所示,将从筒子上引出的包覆丝1与另一根缝纫线2系紧后,包覆丝在木球3表面上下折返包覆的同时,缝纫线则在木球孔内上下折返与包覆丝相互锁紧,上下折返的包覆丝完成对木球的包覆,从而完成包覆球的制作。此方法适用于批量制作包覆球,制作效率高。

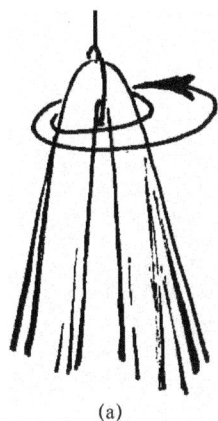

图6-9 手工制作流苏示意(一)

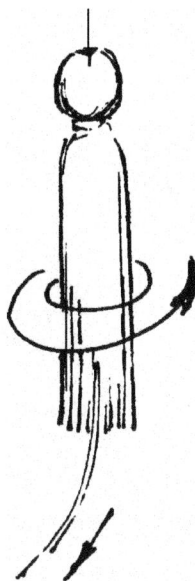

图6-10 手工制作流苏示意(二)

另一种简便的包覆方法如图6-12所示,将包覆丝1沿木球2孔眼利用金属叉3反复进出绕于木球表面,从而完成包覆丝对木球的包覆。此方法简便实用,准备过程简捷,适用于少量制作包覆球。包覆球包覆过程中,包覆丝的根数一般视木球的大小而定,从十几根到数十根不等,以包覆平整、不漏地及操作方便为准。

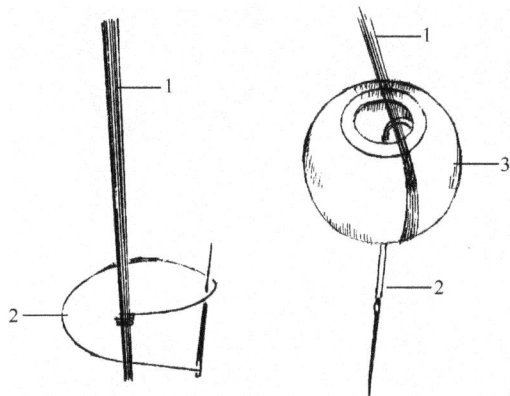

图6-11 手工包覆木球示意(一)

1—包覆丝 2—缝纫线 3—木球

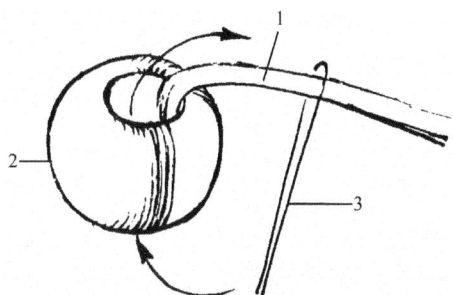

图6-12 手工包覆木球示意(二)

1—包覆丝 2—木球 3—金属叉

利用编织的方法制作包覆球与编织绳的制作过程基本相同(图4-11),只是将编织绳的芯纱更换为木球而已,编织设备采用套管编织机,编织原理参见第四章第四节。此外,采用的饰纱路数需相应增加。包覆木珠、木球的饰纱路数一般为64路或72路,每路饰纱的根数视木球的大小及饰纱粗细而定,一般为5根左右。图6-13为木球编织后的形态,木球被编织包覆于饰纱中,下机剪断后将木球两端的编织物折入木球孔中粘牢即可。

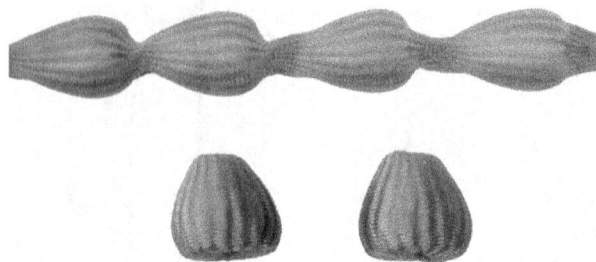

图6-13　编织木球示意

（3）绒球。绒球的制作如图6-14所示。将事先准备好的数百根纱线先行捆扎,如图6-14(a);在此基础上利用两枚圆形金属硬片将捆扎的纱线如图6-14(b)那样夹住,沿硬片边缘将纱线修剪好,可制作出如图6-14(c)的纱线绒球,绒球的大小由硬片的尺寸决定。设计中需注意选择蓬松性能优良的纱线,实际制作中腈纶纱的效果较好。

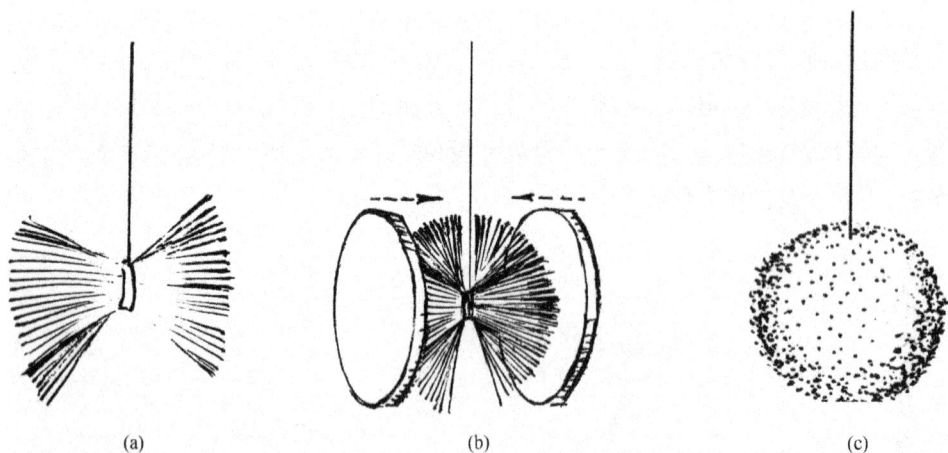

(a)　　　　　　　　　　(b)　　　　　　　　　　(c)

图6-14　手工制作绒球示意

三、饰物花边技术设计

（一）外连缨边设计

外连缨边俗称绦,是指装饰带与饰物相连的缨边。外连缨边设计是饰物花边设计的必经过程。外连缨边可以由单个或数个延长纬纱形成,也可以采用专门的纬纱形成。如图6-15所示的花边,箭头所指的缨边即为外连缨边。

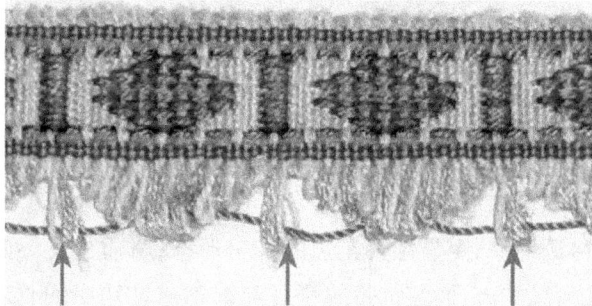

图 6 - 15　外连缨边图例

　　外连缨边的设计应与装饰缨边设计相呼应。图 6 - 15 中装饰缨边为波浪形时,外连缨边应配置于波浪形的过渡部位。对于装饰缨边,长度方面总体上应满足花边的美感形态要求。波浪形缨边中最长部分的缨边,长度以不超过装饰带宽度为好。波浪形的过渡,长度阶差不应少于三个层次,过少会使得波浪形过于呆板,过多则增加了织造难度。

　　外连缨边的长度视外连饰物的不同而定,长度应与饰物之间相互匹配。当外连饰物为小流苏类饰品时,缨边长度不应过长,总体上应与流苏长度相匹配,一般可限定在流苏长度的 1/4 ~ 1/3 之间。当外连饰物为带有孔洞的透过穿入类饰品时,缨边长度可任意确定,外连时将缨边加长即可。此外,外连缨边在织造过程中,可直接织入绞纱,这样可以方便饰物连接时的手工操作。

　　外连缨边的密度是指单位长度内外连缨边的数量。外连缨边的密度对应饰物密度,外连缨边的密度由饰物花边的饰物密度决定,密度过大或过小,都会影响花边的整体装饰效果。

　　外连缨边密度的设计与调控,要通过纬纱密度和一个外连缨边循环内的纬纱数来确定。机织类饰物花边可通过下式求出。

$$L = 10P_{W}/t$$

式中:L——外连缨边密度,个/m;

　　P_{W}——纬纱密度,组/10cm;

　　t——一个外连缨边循环内的纬纱数。

　　钩编饰物花边外连缨边的密度可通过下述方法确定。

$$T = P/t$$

式中:T——外连缨边密度,个/m;

　　P——衬纬纱密度,组/m;

　　t——一个外连缨边循环内的衬纬纱数。

　　外连缨边的形成与前述缨边花边的缨边的形成方法相同,在此不再重复。

　　(二)饰物设计

　　饰物的种类和制作方法如上所述,众多的饰物及其组合与装饰带如何搭配是饰物花边设计的关键。同时,饰物花边与所修饰的主饰品之间的协调配合,也是饰物设计中需要关注的主要方面。

1. 饰物与装饰带的配合

饰物与装饰带应在纹理形态、外观色彩、材质及几何尺寸上协调配合,如此,才能突出饰物花边的装饰性,从而达到设计目的。

在纹理形态方面,饰物的形态与装饰带的纹理形态应尽可能相呼应,如编织包覆球与机织装饰带之间,在纹理与外观形态方面相近,二者相互配合,上下对应,融为一体。在色彩及材质方面,外观色彩方面的协调统一,更显饰物花边的优美形态;材质的上下呼应,展现了饰物花边整体的协调一致。在几何尺寸方面,装饰带的幅度与饰物或饰物串的长度也应配合协调,两者应比例适当,才能设计出外观得体、优雅协调的饰物花边。

2. 饰物花边的应用场合

饰物的设计还要考虑花边的应用场合。用于挂帷类家用纺织品边缘的饰物花边,饰物串尺寸可稍长些,饰物的选材上可考虑有质感的材质,如此,既能体现出挂帷装饰品的悬垂感,也能使饰物与织物饰品的装饰空间协调一致。挂帷类家用纺织品宜选择的饰物花边有珠子花边、包覆球花边、流苏花边等。用于靠垫类产品边饰的饰物花边,由于其本身的尺寸有限,因此选择的饰物花边饰物的尺寸也不宜过长,材质上应尽量采用与人体贴合的材料,如绒球、流苏等,而珠子、包覆球等硬质饰物则不宜采用。

四、饰物花边工艺设计及产品开发

(一)机织饰物花边

以下结合图 6-15 所示的缨边花边,介绍一款机织流苏饰物花边的设计。

1. 目的与构思

以黏胶纱与有光黏胶丝为原料,装饰带部分为平纹地配合经花的重经组织,边部为波浪形缨边,中间配合织出外连缨边,饰物为小流苏。花边外观独特,装饰效果佳。

2. 技术规格与工艺设计

(1)经纱组合。地经为 19.4tex×2 黏胶纱;内花经为 19.4tex×2 黏胶纱 5 根一组;边花经为 19.4tex×2 黏胶纱 3 根 +29tex×2 黏胶纱 2 根一组。

(2)纬纱组合。19.4tex×2 黏胶纱 3 根 +29tex×2 黏胶纱 1 根 +33.3tex×3 有光黏胶丝股线 5 根组成一组。由于纬纱要形成具有蓬松特征的缨边,因此,纬纱选择多种组合形式的纱线。

(3)装饰带幅宽。内幅,即地经纱织出装饰带的宽度为 1.5cm。外幅,即包含成边特经(钢丝)织出的边牙宽度为 1.9cm。

(4)经纱根数。地经纱为 32 根,其中边地经为一色共 14 根,每边 7 根;其余为内地经一色共 18 根。内花经纱为 9 组,边花经为 2 组,每边 1 组。

(5)筘号。选择 100 齿/10cm 的筘齿。

(6)经纱排列。按照排列顺序,边地经 7 根,边花经 1 组,(花经 1 组、地经 2 根)共 9 组,边花经 1 组,边地经 7 根。

(7)缨边排列及长度。波浪缨边长度依次为 0.2cm、0.4cm、0.6cm、0.8cm、1.0cm×3、

0. 8cm、0. 6cm、0. 4cm、0. 2cm。外连缨边长度为 1. 0cm。

（8）纬纱密度为 80 组/10cm。

（9）外连缨边密度 $L = 10P_{\mathrm{W}}/t = 10 \times 80/24 = 33.3$（个/m），即外连缨边间距为 3cm。

3. 织造设计与工艺

（1）基本组织。地组织为平纹；花经组织见图 6 - 16 中意匠图；边花经为 $\frac{3}{1}$ 经重平。

（2）穿筘。对应经纱排列，从正常边一侧，边牙钢丝 1 入，边地经 3 入、4 入，边花经 1 入，（花经 1 组与地经 2 根）穿入 1 筘共 9 次，边花经 1 入，边地经 3 入、4 入，边牙钢丝 1 入。缨边钢丝穿筘为（空 1、1 入）共 4 次。

（3）缨边钢丝直径为 1. 8mm。

（4）边牙钢丝直径为 0. 7mm。

（5）上机工艺。上机图如图 6 - 16 所示。组织图只将花经做出，地经没有做出。结合经纱排列，实际穿综顺序为：边牙钢丝穿入第二片综，地组织平纹部分穿入第一、二片综，边花经 A 穿入第三片综，花经 1 ~ 9 穿入第四、五、六、七片综，缨边钢丝 a、b、c、d 分别穿入第十三、十四、十五、十六片综。

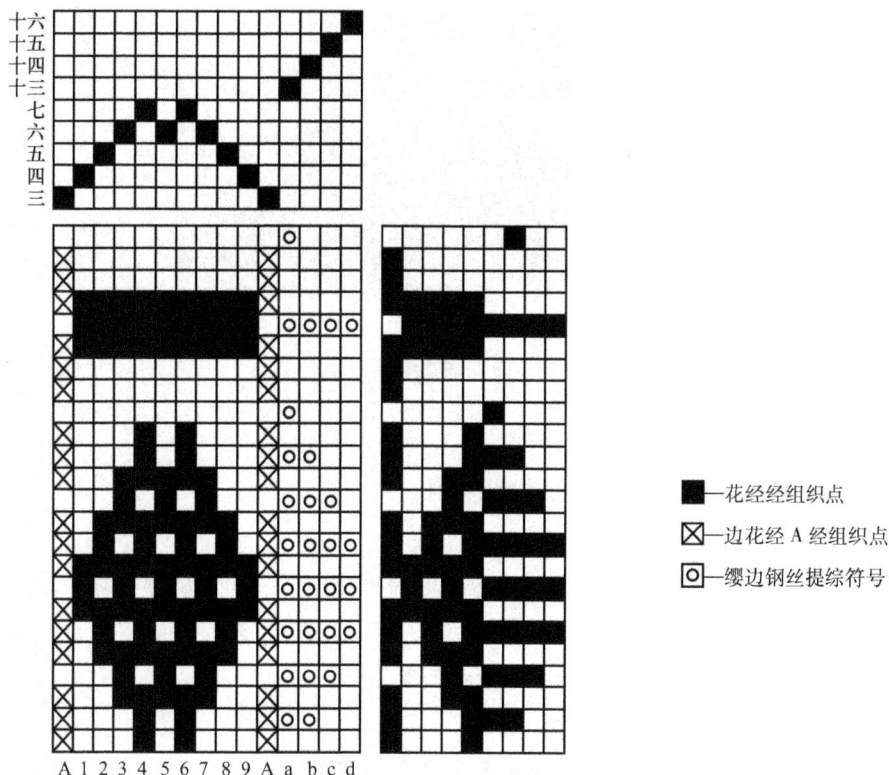

■—花经经组织点

⊠—边花经 A 经组织点

◎—缨边钢丝提综符号

图 6 - 16　波浪缨边花边上机图

（6）织机。有梭织带机。

（7）织轴。地经纱一轴,花经纱一轴。

4. 流苏规格及工艺

（1）流苏用纱组合。采用29tex×2黏胶纱。

（2）纱线根数。260根。

（3）扎腰用纱。29tex×2黏胶纱。

（4）流苏长度。流苏长度共2.4cm,扎腰部位距顶端0.8cm左右。

5. 色彩设计

装饰带部分,边地经与内花经一色,内地经与纬纱一色,边花经一色,共三色。三种色彩即可显示出装饰带的立体感,突出装饰特性。流苏部分纱线色彩与装饰带色彩相对应,采用相同的三种色彩,两部分色彩上下呼应,既有层次感,又有立体感。产品效果如图6-17所示。

图6-17 流苏饰物缨边花边

(二)钩编饰物花边

以下介绍一款钩编包覆球饰物花边的设计实例。

1. 目的与构思

以有光黏胶丝股线为原料,设计一款钩编包覆球饰物花边。装饰带部分为黏胶丝股线编织的交叉结构花型,装饰带一侧为波浪形缨边形态,另一侧配合波浪形边牙,底衬纬直接形成缨边与边牙。饰物采用包覆球,饰物花边外观新颖,装饰效果佳。

2. 技术规格与工艺设计

（1）地经纱。选择33.3tex涤纶网络丝2根为一组,共12组。

（2）衬纬纱。纬梳1为交叉纬,采用50tex×3黏胶加捻丝共6根(花芯);纬梳2为底纬,采用50tex×3黏胶丝股线共8根;纬梳3为直线边花,采用50tex×3黏胶丝股线共四组,每组2根;纬梳4为压伏边花的衬纬,采用直径为0.2mm的涤纶单丝。

（3）成品幅宽。装饰带部分 1.5cm，外幅 3.7cm。

（4）织物纵密。20 横列/5cm。

（5）缨边与边牙长度。装饰带上部边牙分别为 0.25cm、0.5cm、0.25cm；花边下部装饰缨边分别为 0.25cm、0.5cm、1.0cm、1.5cm、1.0cm、0.5cm、0.25cm。外连缨边为 1.0cm。

（6）外连缨边密度 $T = P/t = (20/5) \times 100/16 = 25$（个/m）。

3. 编织设计与工艺

（1）设备。具有交叉装置的特殊花边钩编机。

（2）机号。10 针/25.4mm。

（3）地经供纱。消极式供纱。

（4）衬纬供纱。消极式供纬。

（5）纬梳组织。纬梳 1 为 1—3/3—1//（交叉纬），纬梳 2 为 3—11/11—3/3—13/13—3/3—11/11—3/3—12/12—2/2—13/13—1/1—14/14—2/2—13/13—3//（衬纬缨边），纬梳 3 为空（边花），纬梳 4 为 1—4/4—1//（压伏边花）。

（6）地经抽针。边牙与缨边采用间接法编织，因此地经抽针采用 ▯▯▯ ▮▮▮ · ▮▮▮ ▮▮▮ · ▮ · ▮ · ▮ 。其中框内为固结地经纱用针，起编织边牙与缨边作用，织物下机后拆除相应的固结地经纱，延伸的衬纬纱即为边牙与缨边。

4. 饰物规格及工艺

（1）包覆球用丝。包覆球采用 33.3tex 的有光黏胶丝 30 根包覆。

（2）包覆球直径。包覆球外径为 1.8cm，中间孔径为 0.5cm。

（3）饰物吊挂工艺。为使包覆球吊挂后不在外连缨边中窜动，吊挂时在包覆球的上下分别穿入一个直径为 0.6cm 左右的亚克力珠，除了能固定包覆球外，还可以提升饰物的装饰性。

5. 色彩设计

装饰带可以采用一色，也可以采用几种色彩配合。包覆球采用与装饰带主色调相同的色彩配合，可以一色，也可以几种色彩配合。如图 6 - 18 所示为产品效果图。

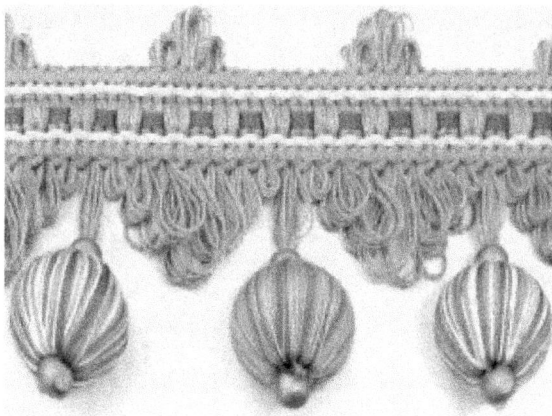

图 6 - 18　包覆球饰物缨边花边

第四节　绳辫花边与毛须边设计

绳辫花边与毛须边是家纺花边中的两类品种。绳辫花边具有圆润、饱满的"绳辫"外观，装饰性强，是家纺配饰品中常见的花边产品。毛须边为采用多根纺织纱线（带）织成的具有须状外观的花边，具有柔和、丰满的外观特性，是抱枕类产品常采用的边饰。

一、绳辫花边设计

（一）绳辫花边的种类

1. 按构成"绳辫"的材料结构分类

（1）加捻包覆绳绳辫花边。该绳辫花边是由加捻包覆绳扭结而成的。由于包覆绳的表面通常由长丝类纤维包覆构成，因此，加捻包覆绳绳辫花边外观华丽而又流畅。

（2）加捻股线绳辫花边。该绳辫是由多根股线加捻后扭结而成。该类绳辫花边常以粗号棉纱、黏胶纱等为原料，绳辫外观粗犷、自然而又柔软。

2. 按加工方法分类

（1）钩编绳辫花边。其是采用钩编的方法固结加捻包覆绳或加捻股线形成的绳辫花边。这种方法生产效率高，形成的绳辫花边，绳辫以上的钩编织物（也称眉头）花型粗犷大气。

（2）手工绳辫花边。它采用手工织机织造而成，眉头部分的基本结构为机织物的平纹结构。此种方法生产效率低，但形成绳辫花边的眉头花型相对较为细腻。

（二）绳辫花边技术设计

由于需要表现绳辫的悬垂与流畅，绳辫花边通常较其他花边有较宽的幅度。同时，采用加捻包覆绳或多根加捻股线直接参与编织，在花边上部，衬纬由地经纱编织形成织物，成为花边的眉头部分；花边下部，加捻包覆绳或多根加捻股线退捻后形成的扭结成为花边的绳辫。因此，宽幅与加捻绳参与编织是该类产品的主要技术特征，也决定了产品编织的技术难度。

1. 加捻包覆绳的形成

加捻包覆绳包覆原理如图6-19所示。其原理与粗包覆绳包覆原理基本相

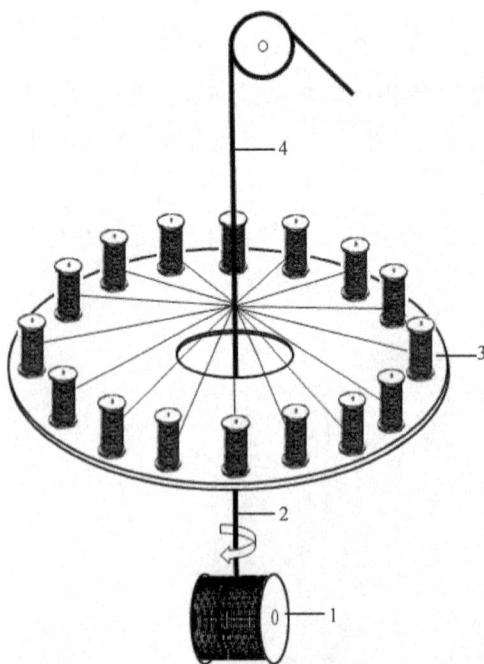

图6-19　加捻包覆绳包覆原理图（一）

1—芯纱筒子　2—芯纱　3—饰纱筒子　4—加捻包覆绳

同,只是芯纱2在被饰纱包覆之前,由芯纱筒子1的旋转完成了加捻过程,这样形成的包覆绳便具有了捻回。但需注意,芯纱筒子的旋转方向须与饰纱包覆方向同向,这样形成的加捻包覆绳才能满足形成绳辫的要求。加捻包覆绳捻度的大小可通过包覆绳引出速度和芯纱筒子的转速予以调解。

另一种加捻包覆绳包覆原理如图6-20所示。芯纱1经导轮2的引导,于导辊3处与饰纱4汇合。此时的芯纱在包覆锭子的带动下,利用其旋转作用将饰纱包覆其上,形成加捻包覆绳6,包覆绳经过导钩7后被卷绕在包覆绳筒子8上。饰纱钢筘5的作用是将多根饰纱以平行分散的方式包覆于芯纱上,以避免饰纱的重叠。

多根股线并合加捻同样可采用以上两种方法,只是在加工过程中不加入饰纱即可,多根芯纱加捻后成为具有一定捻度的并合状态。

2. 加捻包覆绳技术条件

在钩编结构的绳辫花边中,加捻包覆绳作为衬纬参与编织,要求包覆绳松紧适中。包覆绳过松,会使其在梳栉横移中被纬针磨破而漏芯,形成绳辫后包覆绳皮、芯相互分离,从而影响产品的外观效果;包覆绳过紧,又会使形成的绳辫手感硬挺,失去其流畅、柔顺的美感。因而该类包覆绳的包覆,应选择较柔软的黏胶纱、腈纶纱等为芯纱,同时适当控制包覆锭速,保证包覆绳

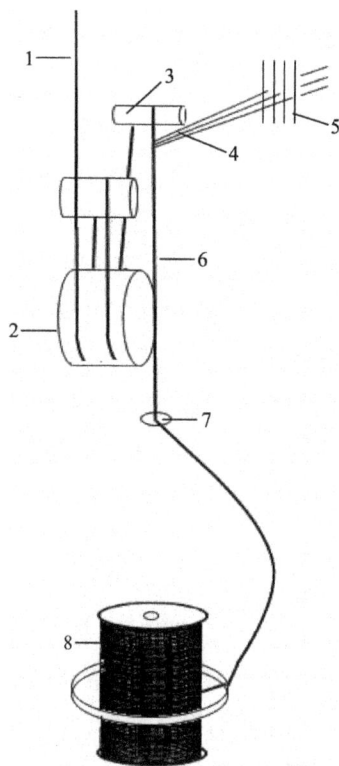

图6-20　加捻包覆绳包覆原理图(二)
1—芯纱　2—导轮　3—导辊　4—饰纱　5—饰纱钢筘
6—加捻包覆绳　7—导钩　8—包覆绳筒子

刚柔适中。此外,包覆绳的捻度应使绳辫形成后捻结自然、外观优美。因此,一般情况下,包覆绳的捻度不可过大,过大则会使绳辫显得紧缩、拘谨,且手感过于粗硬;捻度过小,又会使绳辫给人以松散、随意的感觉。包覆绳捻度通常是以包覆绳形成绳辫后的外观效果来确定的,可按以下经验算式判断包覆绳的捻度是否适当。

$$d \times f = 25 \sim 30$$

式中:d——包覆绳直径,mm;

f——加捻包覆绳形成绳辫的捻回数,捻/10cm。

3. 采用钩编机编织绳辫花边

(1)设备要求。绳辫花边的形成主要采用钩编机加工。由于绳辫花边产品有较宽的幅度,因此采用的钩编机纬梳横移必须具备较大的动程,要求钩编机必须配有梳栉横移放大装置。同

时,由于加捻包覆绳衬纬较粗及带有较强的捻度,使得衬纬对边经纱的垫纱角度影响加大,因此,钩编机必须配有双侧纬纱挡钩装置,以此来适应加捻包覆绳衬纬的编织。

(2)绳瓣的形成。钩编机上绳瓣的形成通常有两种方法。

①直接法。加捻包覆绳在纬针的带动下由纬纱挡钩双侧定位。在设计有地经纱的一侧,挡纬钩抬起时衬纬与地经纱完成编织,形成花边的眉头;而在没有地经纱的另一侧,在挡纬钩抬起的瞬时,加捻包覆绳退捻扭结形成绳瓣。这种方法绳瓣成形便捷,但形成的绳瓣易在卷取辊处产生堆积,从而造成产品纬密不匀。此方法在纬密较小时可以采用,纬密较大时不宜采用。

②间接法。加捻包覆绳衬纬采用地经纱编织,利用几组地经纱固结加捻包覆绳,形成钩编织物。织物下机后拆除固结地经纱,加捻包覆绳解除"束缚"便可形成绳瓣。此方法形成的产品纬密密致,绳瓣排列均匀,是绳瓣花边常采用的编织方法。

(3)技术要求。绳瓣花边编织中应在以下几方面予以注意。

①地经纱。由于衬纬的加粗且具有捻度,地经纱若要对衬纬形成一定的握持力,则地经纱必须具有足够的强力,同时编织中地经纱还应保持较大的张力。

②纬纱挡钩定位。加捻包覆绳编织时,由于衬纬为有一定捻度的包覆绳,其自身的退捻作用对地经纱的编链运动影响很大,因此必须加大衬纬纱的张力,使其保持在伸直状态以供编织,此时,衬纬张力对边经纱垫纱运动的影响,则要靠挡纬钩的作用来克服,挡纬钩的挡纬摆动必须到位且可靠。

③包覆绳张力控制。由于钩编衬纬间歇编织的特点,使得衬纬张力时大时小。张力太小时,加捻包覆绳未编织前易扭结,造成编织困难;张力过大,又会造成衬纬对定纬钩的过大冲击,造成边部地经纱垫纱困难,同样不利于正常编织。因此,必须合理调整加捻包覆绳衬纬的上机张力。此时应采用张力调节装置,使衬纬在伸直状态下参与编织。

4. 绳瓣花边手工织机编织

手工编织绳瓣花边由于效率低,目前较少采用。由于手工编织的绳瓣花边眉头风格不同于钩编结构,因此受到部分消费者青睐。

手工编织的方法是通过手工织机的开口机构,通过经纱的开口运动,利用手工将加捻包覆绳双纬引入梭口,加捻包覆绳在绳瓣花边的眉头处由经纱固结,余下部分扭结为绳瓣。绳瓣的长短可由每次织入的包覆绳长短确定,如图6-21所示。手工编织中需要注意手法的一致,以此保证绳瓣长度的均匀、统一。

由于平纹组织交织紧密,对于固结加捻包覆绳作用较好,因此,手工织机的开口运动多设计为平纹开口。为了形成较为丰富的眉头纹理,也可以将经纱设计为平纹与重平相结合的开口形式,利用重平的较长浮长构成眉头的起花组织。

(三)绳瓣花边工艺设计及产品开发

1. 一款钩编绳瓣花边的设计实例

(1)目的与构思。以有光黏胶丝包覆绳为绳瓣原料,设计一款钩编绳瓣花边。眉头部分采用两组包覆绳压伏小针筒钩编编织带形成,绳瓣部分为等长度形态。为了提升花边的装饰性,专门设计小流苏对绳瓣花边进行装饰。

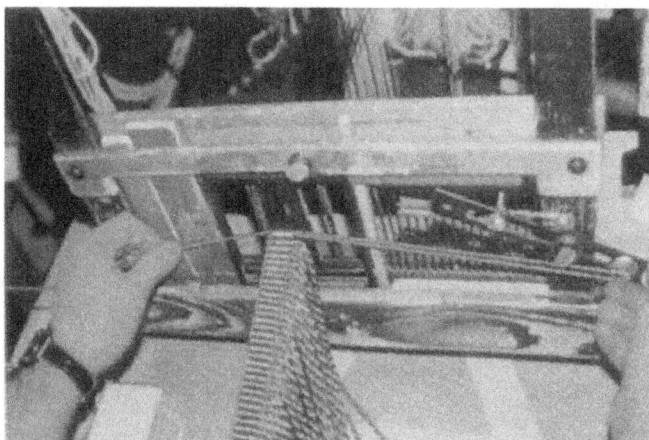

图 6-21　手工编织绳辫花边

（2）技术规格与工艺设计。

①地经纱。选择 33.3tex 涤纶网络丝 2 根为一组，共 4 组。

②衬纬纱。纬梳 1、3 为直径 2mm 有光黏胶丝加捻包覆绳；纬梳 2 采用 33.3tex×3 有光丝小针筒钩编编织带。其中，纬梳 1、3 的加捻包覆绳与纬梳 2 的小针筒带子形成花边眉头；在花边的下部，纬梳 1、3 上的加捻包覆绳交替形成绳辫。

③成品幅宽。幅宽共 12cm，其中眉头部分宽度为 1.5cm。

④织物纵密。12 横列/5cm。

（3）编织设计与工艺。

①设备。具有梳栉横移放大功能的花边钩编机，同时具有双侧纬纱挡钩。

②机号。14 针/25.4mm。

③地经供纱。地经纱采用消极式供纱。

④衬纬供纱。消极式供纬，配有张力调节装置。

⑤纬梳组织。纬梳 1 为 10—1/1—1/1—1/1—10//，纬梳 2 为空，纬梳 3 为 1—1/1—1/1—10/10—1/1—1//。

⑥地经抽针。绳辫形成方式采用间接法，因此，地经抽针采用 ┃┃·┃·┃·┃空 28 针 ┃┃空 28 针 ┃┃···┃方式。第一针与最后一针为纬纱挡钩位置，最后一针挡钩前空三针是为了让包覆绳下机前先形成一小段扭结，以此引导整个绳辫下机后的整体扭结，框内针为固结地经纱针，下机拆除地经纱后，加捻包覆绳衬纬形成绳辫。

（4）流苏规格及工艺。

①流苏用纱组合。采用 50tex×3 黏胶丝股线，配合涤纶装饰彩带。

②纱线根数。100 根。

③扎腰用纱。33.3tex 涤纶网络丝，外饰 50tex×3 黏胶丝股线窄绉形带。

④流苏长度。流苏长度共 2.4cm，扎腰部位距顶端 0.8cm 左右。每组两个流苏形成一组流

苏串。

（5）色彩设计。两组加捻包覆绳每组一色。压伏纬花及流苏色彩与包覆绳对应。产品效果如图 6-22 所示。

图 6-22　钩编绳辫花边

2. 一款机织手工绳辫花边设计实例

（1）目的与构思。以有光黏胶丝包覆绳为绳辫原料，设计一款机织手工绳辫花边。眉头部分采用两色经纱相间配置，构成两色相间纹理。

（2）技术规格与工艺设计。

①经纱组合。甲乙两经各一色，均为 33.3tex×3 有光黏胶丝股线。

②纬纱组合。甲乙两加捻包覆绳各一色，均是直径为 2mm 有光黏胶丝加捻包覆绳。

③成品幅宽。幅宽共 16cm，其中眉头部分宽度为 2.2cm。

④经纱根数。甲乙经纱各 40 根。

⑤筘号。选择 100 齿/10cm 的筘齿。

⑥经纱排列。甲经：乙经为 1:1。

⑦经密。400 根/10cm。

⑧纬密。20 组/10cm。

（3）织造设计与工艺。

①基本组织。平纹。

②穿筘。4 入。

③穿筘幅宽。2cm。

④穿综。甲经穿入第一片综，乙经穿入第二片综，两片综以平纹规律提升。

⑤引纬规律。甲经在上时引入乙纬,乙经在上时引入甲纬。

（4）色彩设计。两组加捻包覆绳各为一色,经纱色彩与包覆绳对应。产品效果如图 6-23 所示。

图6-23　机织绳辫花边

二、毛须边设计

毛须边为采用多根纱线组成一组或两组衬纬纱,采用钩编等方法固结衬纬,下机后经过裁剪或拆除部分地经纱后获得的具有须状外观的花边产品。相较于其他家纺花边,毛须边的设计相对简单,但仍需做好以下几方面。

（一）毛须边规格设计

1. 幅宽设计

毛须边饰品体现的装饰风格是亲和、自然,在长度设计上,毛须不能过长或过短。毛须过长,会使毛须显得凌乱、繁杂;毛须过短,又会使毛须过于直立、挺拔。恰当的毛须长度应使毛须既丰满,又不失流畅。

毛须边长度设计还应视产品原料而定。通常情况下,黏棉纱、棉纱毛须边的长度可确定在 3cm 左右;黏胶丝股线毛须边的长度可稍长,但也不应超过 4cm;黏棉纱与黏胶丝捻丝混合的毛须边长度应控制在以上两者之间。

2. 毛须边密度设计

毛须边密度对于毛须边风格的体现至关重要。钩编毛须边产品的编织通常是使衬纬纱达到最为紧密,因此,毛须边密度的设计,主要是通过控制衬纬纱的根数和衬纬密度实现的。对于常用的 29.5tex×2 的黏胶纱,根数可确定在 65 根左右;58tex×2 的棉纱,根数在 35 根左右。其他原料的产品可据此推算。

(二)毛须边技术设计

1. 设备要求

毛须边的形成主要采用钩编机加工。由于毛须边产品有较宽的幅度,因此所采用的钩编机纬梳的横移与绳辫花边一样,同样需具备较大的动程。

2. 技术要求

(1)地经纱张力。由于衬纬的加粗,地经纱若要对衬纬形成一定的握持力,要求地经纱必须具有足够的强力。同时,两边的地经纱还要承受衬纬的横移影响,两边的地经纱除应保持较高的张力外,还应适当增加线密度,即增加根数。

(2)衬纬张力控制。毛须边编织中衬纬张力控制有两种方式。一种方式是采用较大的上机张力,此时需要纬纱挡钩的配合,才能使地经纱正常垫纱。另一种方式是采用较小的上机张力,此时可不需要纬纱挡钩配合,但为了地经纱的正常垫纱运动,钩编机需配备送纬装置。

(3)纬纱挡钩定位。当衬纬采用大张力编织时,为了消除衬纬张力对边经纱垫纱运动的影响,则要靠纬纱挡钩的作用来克服。此时,纬纱挡钩定位应到位、可靠。

(三)毛须边工艺设计及产品开发

以图6-3所示的毛须边为例来介绍。

1. 目的与构思

以有光黏胶丝股线与黏胶纱为原料,采用钩编方法设计一款毛须花边。要求毛须密实、柔软。

2. 技术规格与工艺设计

(1)地经纱。选择33.3tex涤纶网络丝2根为一组,共6组。

(2)衬纬纱。纬梳1、2采用50tex×3有光黏胶丝股线各15根。

(3)幅宽。毛须边成品幅宽为3.5cm。采用双幅编织,机上双幅幅宽为7cm。

(4)织物纵密。12横列/5cm。

3. 编织设计与工艺

(1)设备。具有梳栉横移放大功能的花边钩编机。

(2)机号。10针/25.4mm。

(3)地经供纱。消极式供纱。

(4)衬纬供纱。消极式供纱,配有张力调节装置。

(5)纬梳组织。纬梳1为10—1/1—10//;纬梳2为1—10/10—1//。

(6)地经抽针。抽针形式为 | | · · · · · · · · · · · · · | · · | · · · · · · · · · · · · | |,其中框内为固结地经纱,下机后由中间裁剪形成两幅毛须边。

4. 色彩设计

毛须边色彩可以单色设计,也可以混色设计。与其他产品相同,混色时色彩不可过多,最多不超过三色,且应以主色为主,其余为辅色。

第七章　家纺饰物设计

在家纺配饰产品中,通常将装饰带、家纺花边等称作长度类产品,而对于家纺饰物则称作数量类产品。家纺饰物是指在居家装饰中使用的具有装饰功能和相应实用功能的装饰饰品。家纺饰物是一类具有巨大应用潜力的手工艺品。该类饰品装饰风格别致,既可作为室内装饰品,也可作为旅游纪念品等。该类产品结构并不复杂,但要在设计上富有特色、效果良好,需精心设计。

第一节　家纺饰物的种类

在家纺配饰中,家纺饰物通常按饰物的外观结构及用途分类,主要包括以下两大类。

一、绑带类

绑带也称作束带,其原始形态就是用于收束挂帷装饰织物的一条带子,在此基础上逐渐发展为以流苏绑带为主要代表产品的一类家纺饰物。

(一)流苏绑带

流苏绑带属绑带类中的大类品种。绑带产品的雏形就是一种用于收束挂帷类家用纺织品的绳带,在此基础上,设计者在绳带上配上相应的装饰物,逐渐发展形成了现今的流苏绑带产品。

流苏绑带的结构通常包括三部分:用于收束挂帷织物的束带部分;流苏绑带的主体部分即硬体部分;流苏部分也称作须体部分。流苏绑带结构如图 7 – 1 所示。由于束带与须体部分相对来说结构上基本没有太多的变化,因此,硬体部分的结构和形式成为流苏绑带分类的主要方法,常见的主要有以下几种(图 7 – 2)。

图 7 – 1　流苏绑带结构图

束带

硬体

须体

图7-2　各类流苏绑带

（1）包覆类流苏绑带。硬体部分采用一种材质包覆另一种材质支撑体的组合形式。该类产品主要为丝线包覆木球、塑料球等结构形式,同时配合相应的其他修饰手段。此外,采用皮质包覆木质支撑体;采用织物包覆木质支撑体等也在该类产品中多见。图7-2(a)所示为一款包覆球流苏绑带。该类流苏绑带属较为传统的产品形式,产品按照纺织原材料的外观展示装饰性,配合小饰物串流苏,色彩纷繁,体现了较强的装饰性。

（2）水晶流苏绑带。硬体部分主要采用水晶装饰体构成。如图7-2(b)所示为一款水晶流苏绑带。产品现代气息浓厚,将纺织原料的装饰性与水晶体华丽明亮的特性融为一体,装饰效果别具一格。

(3)镂空流苏绑带。以金属镂空为骨架镶嵌各种色彩的水晶等为硬体设计而成的镂空流苏绑带。如图7-2(c)所示为一款镂空流苏绑带,产品给人以虚幻、绚丽的视觉感受,装饰效果别具韵味。

(4)树脂注塑类流苏绑带。采用树脂注塑而成的各种造型为硬体部分,表面采用仿古处理。如图7-2(d)所示,树脂注塑硬体赋予了流苏绑带古朴素雅、典雅深沉的装饰风格。

(5)木球流苏绑带。硬体部分采用木质材料制成为球形等各种造型,表面以油漆喷涂、静电植绒等方式覆盖上各种色彩。如图7-2(e)所示,产品装饰风格自然朴素、简洁明了。

(6)组合类流苏绑带。以上几种硬体相互组合构成新的硬体造型,如常见的包覆球、木球组合。如图7-2(f)所示为包覆球、水晶组合。产品装饰效果更加明显,特性更加突出。

流苏绑带除以上分类以外,还有另外的几种简单分类方法。

按硬体的数量来分类,是指单个流苏绑带所具有的硬体数量。按照这种方法分类,流苏绑带有单头流苏绑带和双头流苏绑带之分。

按照流苏的形式分类有普通股线流苏绑带、绳辫流苏绑带、特殊形式的流苏绑带等。特殊形式的流苏绑带主要指采用带子等其他纺织花式纱线为流苏的流苏绑带。如图7-3所示为一款双头绳辫流苏绑带。

(二)无流苏绑带

流苏绑带为绑带类家纺饰物的主要产品。除此之外,无流苏的绑带产品同样可以兼具绑带的装饰功能和实用功能。如图7-4所示为一款无流苏绑带产品,产品简洁明快,同时不失装饰性。

图7-3　双头绳辫流苏绑带

图7-4　饰物绑带

二、家纺小饰物

除绑带以外,用于装点室内环境,活跃室内气氛的小饰品统称作家纺小饰物。该类饰物有吊穗、装饰盘及组合小配饰等。

1. 吊穗类

它是指采用不同纺织材料制成的各种形式的小流苏。与流苏绑带相比,其几何尺寸要小巧,形式上以硬体与流苏部分为主。主要用于吊挂装饰于主装饰品上,起修饰、点缀作用。图7 – 5 为几款不同形式的小吊穗。

图7 – 5　家纺小吊穗

2. 装饰盘类

装饰盘也称作花盘,它是运用纱线结合圆形或圆环状硬体制成圆盘状装饰体;也可以运用纱线包覆于其他形状硬体后组合形成圆盘状装饰盘。其使用形式类似于像章,利用后侧的别针别挂在主装饰品上,起修饰、活跃气氛的作用。图7 – 6 为几款不同形式的装饰盘。

3. 组合小饰物类

将吊穗与装饰盘组合在一起,或以其中的一种为主,将其他形式的装饰品与其组合可形成组合小饰物。其作用与吊穗、装饰盘相同,只是形式更新颖、装饰性更强。图7 – 7 为几款不同形式的组合小饰物。

图 7 - 6　装饰盘

图 7 - 7　组合小饰物

第二节　流苏绑带设计

由于流苏绑带为绑带类家纺饰物的主要产品,本节以流苏绑带为主,对该类装饰品的设计进行介绍。

流苏绑带的设计主要分两个阶段。第一个阶段为产品构思阶段,该阶段主要从产品的作用、装饰环境及材料构成等方面对产品做出宏观的构想。流苏绑带的第二个设计阶段为具体的技术设计,该阶段要从产品的具体组成、造型、色彩及款式等方面做出详尽的实施性设计。

由于流苏绑带的制作分为准备阶段和组合修饰阶段,准备阶段是指对束带、硬体及流苏的制作,在此基础上对三部分进行组合及修饰即可完成流苏绑带的制作。因此,流苏绑带的设计也依此顺序进行介绍。

一、束带设计

1. 束带的结构

束带的主要形式为双环结构,如图7-8所示。收束挂帷饰品时,将双环打结扎紧或吊挂,从而完成其收束功能。

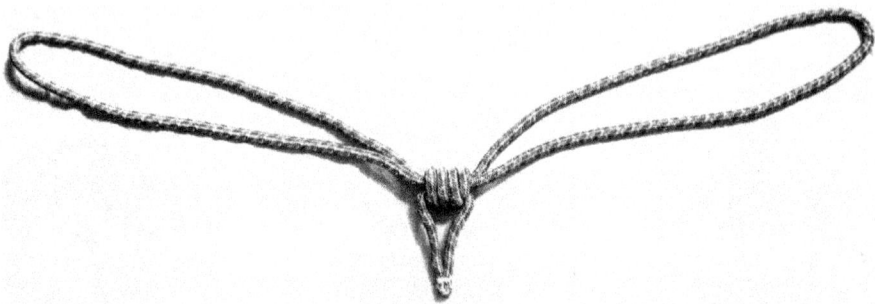

图7-8 双环束带

束带主要由装饰绳制作构成。采用粗包覆绳形成的束带,包覆绳包覆时的包覆紧度及装饰绳捻结时的捻度均应适当,两者过大或过小均影响束带的效果。包覆紧度及捻度过大,束带会过硬。同时捻度过大,在使用过程中束带解捻,使流苏绑带整体旋转,从而影响装饰效果和使用效果。包覆紧度及捻度过小,束带过于松懈,一方面影响外观,同时也影响使用功能的发挥。采用编织绳形成的束带虽然不涉及捻度对束带的影响,但编织绳的编织紧度同样需要适当。编织紧度过大,束带过硬;编织紧度过小,束带松软,同样影响束带的使用及装饰效果的体现。

束带装饰绳的粗细应与流苏饰品的其他部分相协调,过粗或过细均会影响饰品本身的整体装饰效果。束带双环张开后的长度为束带的跨度,束带的跨度视所需要收束的挂帷装饰品而定,通常情况下可在95cm左右确定,常见的规格有90cm、95cm和100cm三种。束带结以下部分称束带脚,束带脚长一般可选择7~10cm。

在色彩搭配方面,束带装饰绳既可以采用相同的色彩,也可以采用不同的色彩组合,但束带、硬体及须体部分色彩应协调统一。

2. 束带的制作

束带的制作主要指束带结的编结方法,编结过程如图7-9所示。按照图7-9(a)所示,将装饰绳对折,对折出的双环长度视束带的跨度而定,在此基础上将绳的一端在对折中心处按图7-9(b)中的方式绕行,绕行的圈数一般为三四圈,视结的外观而定。将绕行一端的装饰绳头按图7-9(c)中的方法穿过编结处,收紧并调节双环及束带脚长度,最后将双脚按图7-9(d)的方式扎紧即可。

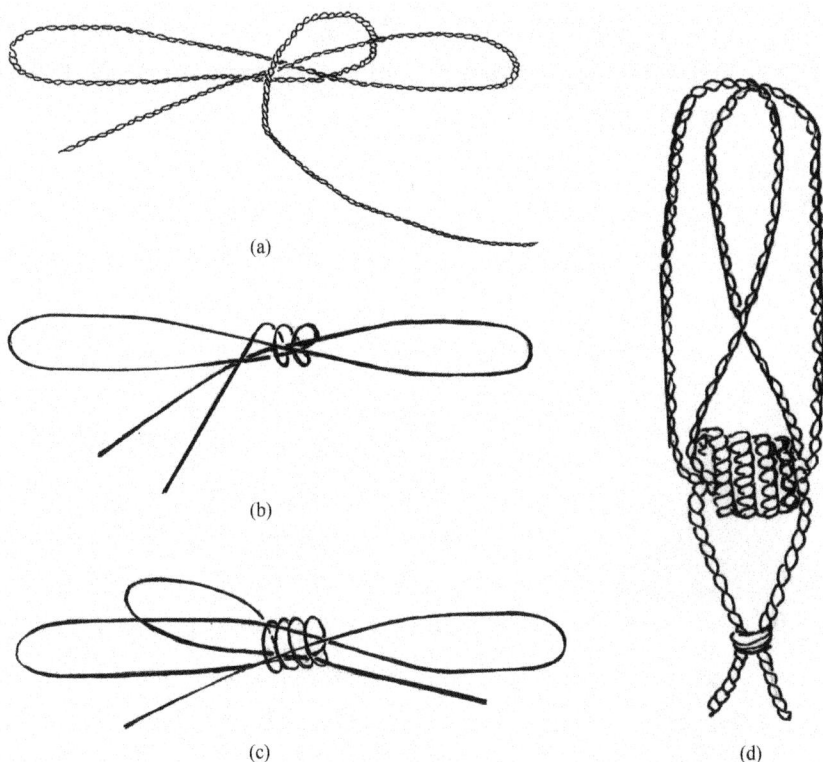

图 7 – 9　束带编结示意

二、硬体设计

硬体部分的设计为流苏绑带设计的核心部分,包括造型、材质的选择、组件构成等。

1. 造型设计

由于流苏绑带属于悬挂式装饰物,因此硬体部分的造型通常为围绕纵向轴心所形成的轴对称体。最典型的硬体形状以葫芦状、球状、椭圆状、鼓状、长方体、正方体等为基本组成,或单独构成硬体,或两种以上相互组合构成硬体。此外,还有采用环形体、扁圆体等非轴对称体构成的硬体。无论是采用哪一种形式的硬体,硬体的造型应遵循以下原则。

(1)比例协调。单个造型应比例协调,如葫芦状硬体,葫芦体应匀称协调,比例适当。组合构成硬体时也应如此,如几个球状体组合时,球状体之间尺寸比例应协调,不能差异太大。硬体与流苏绑带其他两部分的比例也应协调,硬体的尺寸与束带及流苏部分的尺寸不能相差过大,否则比例失调,外观比例不够协调。通常情况下,常规尺寸的流苏绑带其硬体部分的长度应控制在 10～15cm 之间,最大直径处应控制在 9cm 之内,最小直径则不小于 3cm。

(2)易于后期制作。硬体造型应易于后期加工制作,后期需要包覆的硬体,其表面造型应满足易于包覆的要求。如其表面坡度倾斜度过大,则不利于硬体的横向包覆。棱形体的棱角过于突出,包覆时棱角不易被包覆紧密。这些都会影响硬体最终成型及外观形态。

对于流苏绑带应用最为广泛的硬体木模,其制作主要采用旋木的方法,根据造型设计,制作出所需要的形态。需要注意的是木材的选择,应采用木质细腻的材质,这样制作出的包覆硬体表面光滑细腻,利于后续的包覆制作。

2. 外观装饰设计

外观装饰设计是指在造型设计的基础上对硬体表面的装饰设计,该设计体现了硬体的装饰特性,同时也是流苏绑带装饰性的重要组成部分。外观装饰设计内容包括包覆材料设计、包覆方法设计及色彩设计等。

(1)包覆材料及设计。包覆材料和包覆形式体现了硬体不同的外观装饰效果。流苏绑带设计中硬体的包覆材料主要有以下几类。

①丝线材料。采用纺织丝线材料对硬体进行包覆设计是硬体包覆的常见形式,具有材料加工方便,工艺实施便捷的特点。常用的纱线材料主要有有光黏胶长丝、天然蚕丝及有光涤纶长丝等。如图7-10所示为采用有光黏胶长丝包覆的硬体,外观光洁华丽、光泽夺目。

②再加工纺织材料。再加工纺织材料是指将纺织纱线二次加工后获得的绳、带及织物等形式的纺织材料。利用这些再加工纺织材料对硬体进行包覆,可使硬体获得独特的外观设计效果。流苏设计中常用的再加工纺织材料包括家纺包覆绳、捻合绳、绉形带、绒毛带及装饰带等。其中绉形带是利用钩编机编织的一种窄带,通常为两根地经纱编织多根衬纬的形式,利用其衬纬为多根纱线的特点,下机后拆除其中一根地经纱便具有绉状边牙的特点。绒毛带同样为多根衬纬的一种钩编带织物,待其下机后由带子的中间裁剪开(图7-11),便成为一端具有毛刷状边部的带子。两种带子的宽度视设计需要而定,在E10号钩编机上,通常为1~5针宽度。图7-12上部为绉形带,下部为绒毛带。为了便于手工造型,绉形带与绒毛带上剩余的一根地经纱在进行编织时可织入一根细金属丝,这样可方便包覆硬体时的手工操作。利用这些再加工的包覆材料对硬体进行包覆,可使硬体获得相应的装饰效果。图7-13为利用包覆绳和绒毛带横向包覆的硬体,硬体外观纹理清晰自然、立体感强。同时,利用包覆绳制作的小盘花增加了硬体的层次感,提升了硬体的装饰性。图7-14为利用多种包覆材料包覆的硬体效果。下部的装饰带赋予了硬体一定的外观图案,中部为包覆绳与捻合绳相间横向包覆,上部为在有光黏胶丝包覆的基础上利用捻合绳与包覆绳分割包覆的硬体,三部分组合包覆,浑然一体,装饰效果独特。

图7-10　丝线包覆硬体效果

图7-11　绒毛带形成示意

图7-12　绉形带与绒毛带

图7-13　包覆绳与绒毛带包覆硬体

图7-14　多种材料体包覆效果

③皮革等覆盖材料。采用皮革等块面物体包覆，可赋予硬体部分别样的装饰效果。图7-15为两款块面物体包覆实例。皮革花纹、烫钻布的纹理赋予了硬体另类的美感。

对于其他种类的流苏绑带，不同的硬体形式也体现了不同的外观装饰效果。镂空硬体的虚幻、树脂注塑硬体的古朴、水晶硬体的通透、喷漆或植绒硬体的自然赋予了硬体不同的外观装饰效果。

（2）包覆方法设计。采用丝线或其他纺织纱线对硬体的包覆通常采用纵向包覆

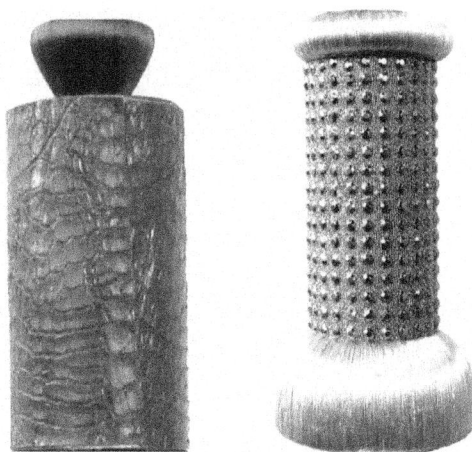

图7-15　块面物体包覆效果

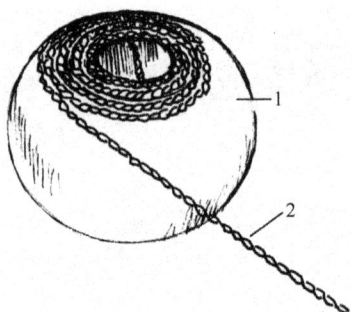

图7-16　手工横向包覆木球示意
1—木球　2—包覆材料

与编织包覆。包覆方法与前面介绍的家纺花边中木球的包覆方法相同,具体制作方法见第六章第三节。只是木球的几何尺寸更大一些而已。除了采用包覆材料沿木球纵向包覆的方法外,还可以采用包覆材料沿着木球横向螺旋缠绕包覆的方法。这时的包覆材料可采用包覆绳、捻合绳及绒毛带等,包覆方法如图7-16所示。在涂上白乳胶的木球1上,利用手工将装饰材料2缠绕粘覆于木球上。这种方法制作的包覆球纹理突出,立体感较强。当包覆材料为皮革等块面物体时,通常采用涂胶粘贴的方法进行包覆。包覆中应注意接头的处理,接头处要牢固,并且应尽量保证包覆材料纹路或纹理的连贯。

(3)色彩设计。在色彩设计方面,硬体外观装饰可以采用相同的色彩,也可以采用不同色彩的组合,但应注意色彩不可过多,过多的色彩设计会使硬体外观过于杂乱,同时应保证硬体、束带及须体部分色彩的整体协调。

在硬体外观装饰设计方面,还可以采用静电植绒、喷漆装饰以及镀膜装饰等方法。这些装饰方法赋予了硬体外观相应的装饰特性。

三、流苏设计

流苏在阿拉伯语中是装饰绳穗之意,特指以绳索类编结成穗状的装饰物。在我国传统的手工艺中,称其为"须坠"或"穗子"。流苏可以根据不同的线材结成不同的形式,产生不同的装饰风格,可长可短、可粗犷可精致。

1. 款式设计

在流苏绑带产品当中,流苏的款式主要有纺织纱线形成的纱线流苏;包覆绳形成的绳辫流苏;装饰带形成的带子流苏以及几种材料混合形成的混合流苏等。

以纺织纱线形成的流苏,由于其特殊的表现形式,因此要求必须具有优良的纱线悬垂性能。除纱线应具有较大的线密度外,纱线的光泽和光滑程度也必须满足产品的要求。实际生产中用于制作流苏的纱线形式参见第三章第二节介绍。纱线流苏具有流畅华丽、飘逸顺爽的外观装饰特性。

绳辫流苏为采用加捻包覆绳所形成的辫状流苏,绳辫的形成见第六章第四节。在形成绳辫花边的基础上,将绳辫花边制作为绳辫流苏。绳辫流苏具有柔和丰满、粗犷自然的装饰特性。

除以上两种常见的流苏形式外,也有采用装饰带为流苏的流苏绑带。这类装饰带通常较窄,形成的流苏线条感较强。采用纱线、绳带等材料混合形成的混合流苏,具有一定的层次感,装饰效果独特。

在以纱线、绳辫及装饰带等形成流苏的基础上,为了增强产品的装饰性,还可以增加一些修饰性的设计,如以小流苏、珠子、羽毛等单独修饰,或形成饰物串进行修饰等。流苏修饰提升了流苏的装饰性,对于提升流苏绑带的整体装饰性也是至关重要的。图7-17为几款流苏修饰设计图例。

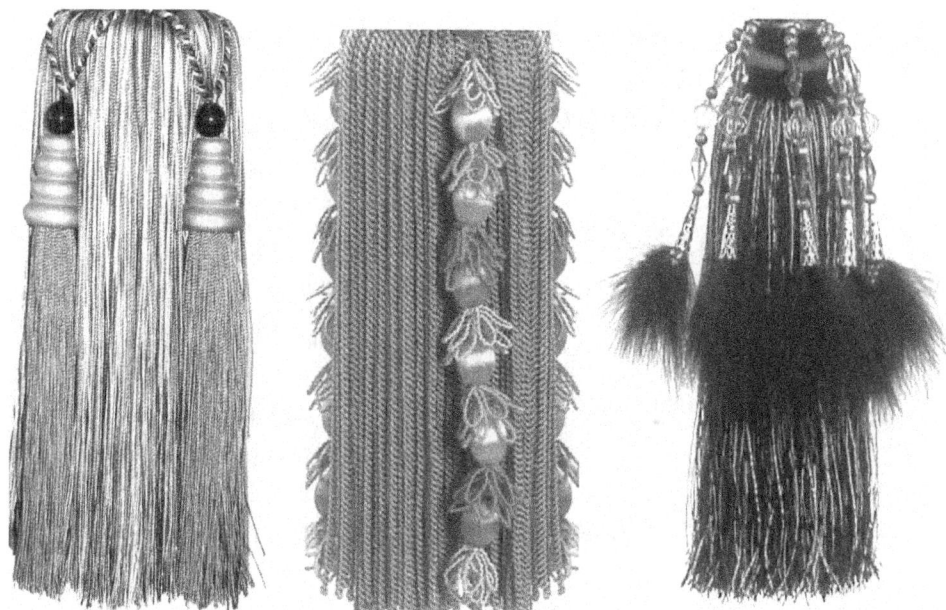

图7-17　流苏修饰图例

流苏的长度设计应与硬体部分协调配合。通常情况下,流苏长度为硬体长度的2~3倍,即流苏长度应在20~40cm之间选择,流苏过短,流苏绑带整体显得不够流畅;流苏过长,整个流苏绑带又会显得拖沓。

色彩设计方面,在保证与束带及硬体部分的整体色彩协调的前提下,注意色彩搭配不要过于杂乱,以选用单一色或不超出三色为宜。

2. 流苏制作

以往,流苏通常运用手工的方式制作。随着钩编技术的发展,首先利用具有大动程梳栉横移的钩编机,将用于制作流苏的纺织纱线制成"坯裙",然后再利用手工的方式完成流苏的制作。流苏的制作过程如图7-18所示。

图7-18(a)为利用钩编机编织形成的用于制作流苏的"坯裙";图7-18(b)为裁开端部的坯裙,将用于固结坯裙纱线的地经纱拆除后,将坯裙盘旋粘贴于流苏底盘[图7-18(c)]上,即可完成纱线流苏的制作;图7-18(d)为制作完成后的流苏示意图。设计中要注意流苏底盘直径应与硬体直径相协调,一般应稍大于硬体的最大直径,以此显示出流苏的大方、得体。

对于绳辫流苏,坯裙的制作与绳辫花边相同,只是绳辫的长度更长一些。绳辫坯裙形成后,绳辫流苏采用与纱线流苏相同的制作方法即可制作完成。

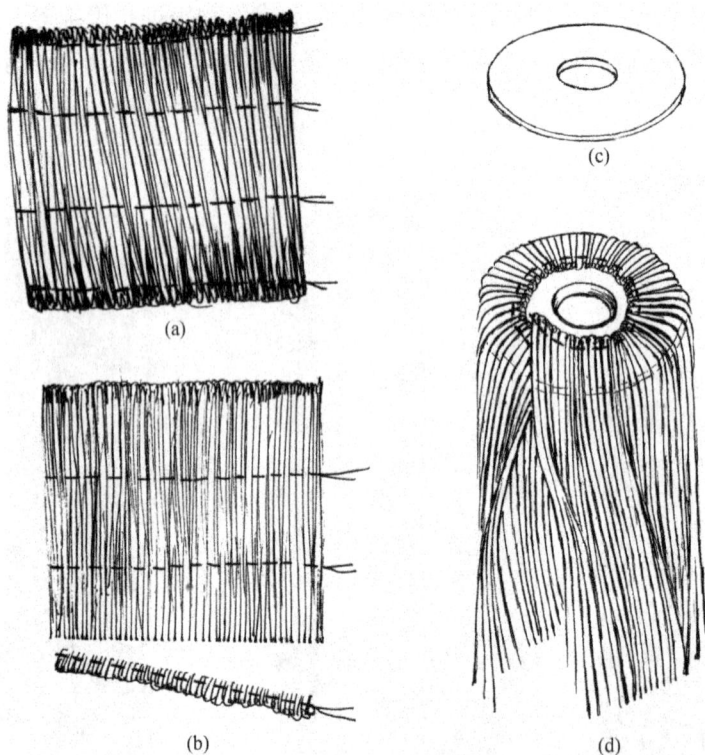

图 7 - 18　流苏制作示意

四、组合设计

　　流苏绑带三部分制作完成后,将三部分组合在一起即可形成完整的流苏绑带。图 7 - 19 所示为流苏绑带三部分。将流苏绑带三部分在交接处涂以白乳胶后,利用金属丝将三部分紧密连接即可完成流苏绑带的组合串联。

五、流苏绑带工艺设计及产品开发

　　以下结合一款流苏绑带具体实例,对流苏绑带产品设计进行介绍。

1. 目的与构思

　　以有光黏胶丝为主要原料,硬体采用黏胶丝包覆木球与喷漆木球组合组成,束带为花式装饰绳,流苏为有光黏胶丝股线构成。流苏绑带素雅自然,装饰效果明显。

2. 束带规格及工艺

　　(1)束带形式。双环结。

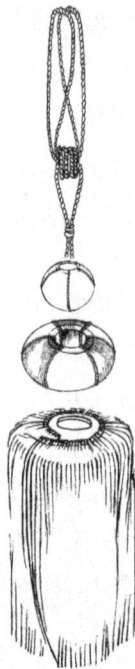

图 7 - 19　流苏绑带三部分示意

（2）装饰绳规格。直径为 13mm，捻向为 S 向，捻度为 25 捻/m。其中，平包覆绳捻度为 40 捻/m；绉包覆绳勒绉捻度为 25 捻/m，勒绉包覆度为 120 圈/m。

（3）束带跨度。90cm。

（4）束带脚长。7cm。

3. 硬体设计及工艺

（1）硬体造型设计。硬体部分共五组木模，如图 7 - 20 所示。其中木模 1［图 7 - 20（a）］、3［图 7 - 20（c）］、4［图 7 - 20（d）］采用长丝纵向包覆，因此木模中孔设计尺寸稍大。木模 5［图 7 - 20（e）］为流苏底盘，起支撑流苏的作用。

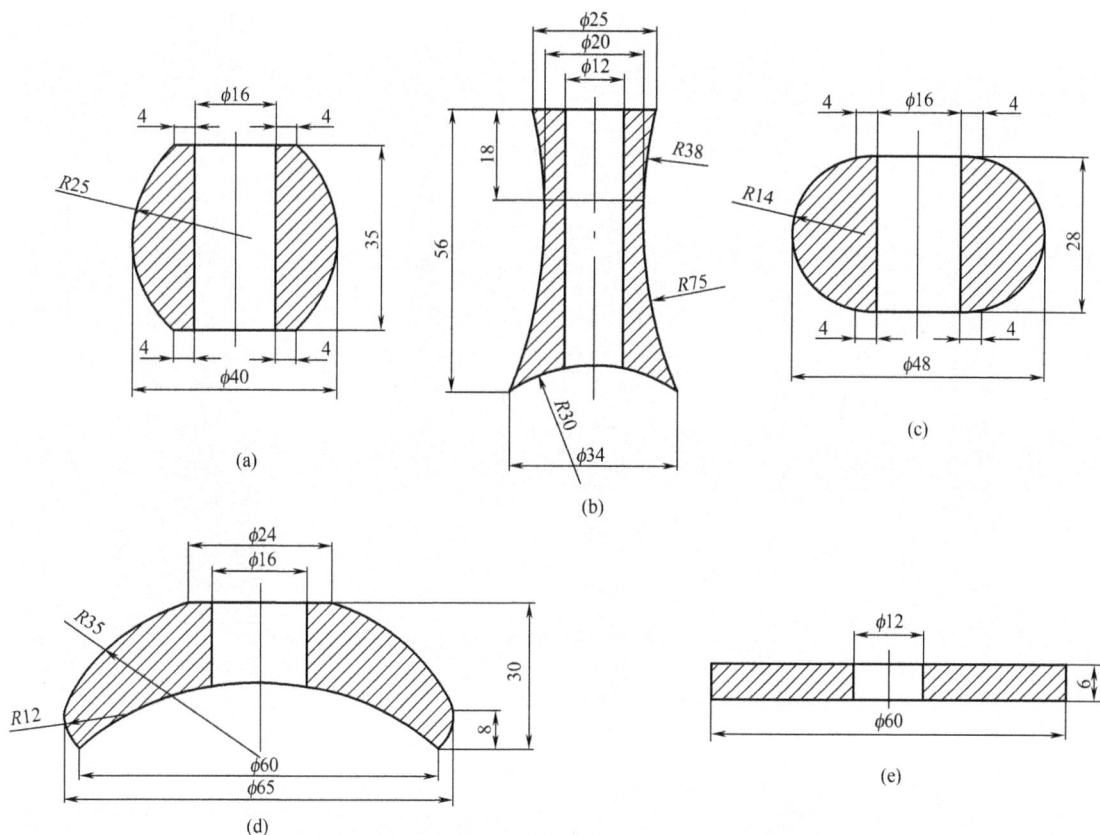

图 7 - 20　流苏硬体造型（单位：mm）

（2）硬体装饰设计。木模 1、3、4 采用 33.3tex 有光黏胶长丝纵向包覆。木模 2 采用喷漆装饰，腰部采用 50tex×3 有光黏胶长丝股线缠腰装饰。

4. 流苏设计及工艺

（1）坯裙工艺。采用 20 根 50tex×3 黏胶丝股线为一组衬纬，利用钩编机编织。坯裙编织宽度为 26cm，坯裙衬纬密度为 30 组/10cm，即黏胶丝股线为 600 根/10cm。

（2）流苏规格。将坯裙一端裁开，盘旋粘贴于流苏底盘上，制成成品流苏长度 22cm。采用 30cm 长的坯裙，即流苏中黏胶丝股线共 1800 根。

（3）流苏修饰。除黏胶丝股线形成流苏主体外，采用4组小饰物对流苏进行修饰。小饰物主体木模造型如图7－21所示。喇叭形木模采用喷漆装饰，球形木珠为有光黏胶丝纵向包覆装饰，饰物串自上至下依次为直径为6mm的亚克力珠、喇叭形喷漆木模、球形黏胶丝包覆木珠、直径为5mm的亚克力珠，小饰物吊绳长度为6.5cm。

5. 色彩设计

产品中喷漆色采用金色，纺织纤维材料可以一色，也可以混色。本设计为两色，可增强装饰带的立体感与层次感，突出装饰特性。产品效果如图7－22所示。

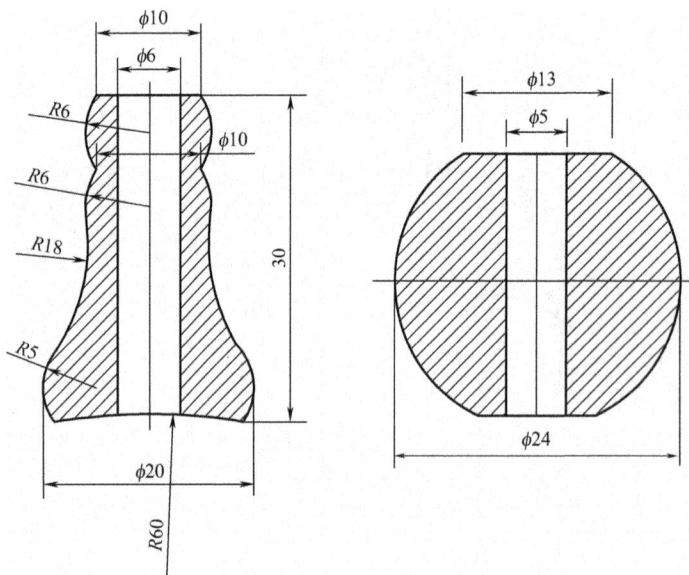

图7－21　小饰物主体木模造型（单位：mm）

图7－22　流苏绑带

第三节　家纺小饰物设计

家纺小饰物小巧别致，用于窗帘、幔帐、幕布等家纺软包饰品上，除了可以增强主饰品的装饰效果外，还可以在活跃装饰环境气氛和显示居住者生活情趣方面，起到独特的作用。

如前所述，家纺小饰物主要包括吊穗或小流苏、装饰盘及组合小饰物，吊穗或小流苏的设计相对流苏绑带来说比较简单，除了几何尺寸相对较小外，设计方法和制作过程基本相同；装饰盘设计则具有自身独特的特点。以下结合组合小饰物，对家纺小饰物的设计进行介绍。

一、装饰盘设计

组合小饰物由装饰盘与吊穗两部分组成。装饰盘部分是组合小饰物的主体部分。装饰盘外观通常以圆形为主，同时也包括菱形、正方形等形态。在几何尺寸上，装饰盘通常以小巧为主，因此尺寸不宜过大，一般直径在6cm左右较为适宜。

装饰盘的结构包括盘心与盘边两部分，如图7-23所示。装饰盘的设计包括盘心与盘边的设计。

1. 盘心设计

盘心的的构成有单一组件的，也有组合组件的。单一组件的形式通常有以下几种。

（1）纺织丝线包覆形式。通常以木质硬体为支撑体，外表以纺织丝线进行包覆形成一定外观形态的包覆体。这些包覆体的形态一般是在圆形的基础上，改变其具体形态构成的，如圆环形、飞碟形、鼓形、馒头形等。硬体的直径与厚度应相互协调，配合得当。盘心的包覆

图7-23　装饰盘

是体现其装饰性的重要方面。通常采用丝线（或纱线）包覆，丝线通过盘体的中间孔后，密实地排列于盘体的表面之上。丝线的色彩是体现装饰盘装饰特征的另一方面，采用单色丝线包覆，则装饰盘外观素静典雅、沉稳含蓄；采用双色相间组合包覆，装饰盘又显示出端庄富丽、绚烂多姿的风格特征。这种盘心形式也是装饰盘最为常见的设计形式。图7-23中装饰盘的盘心即为有光人造丝包覆木质硬体所得。

（2）纺织原料集合形式。以纺织纱线形成一定的集合体构成盘心结构。最为常见的如采用绉形带、绒毛带等形成的盘花，形成的方法如图7-24所示。取一定长度及设计宽度的绉形带或绒毛带，盘旋缠绕即可。其他的形式如采用装饰带叠合构成盘花；采用包覆绳编结构成盘花、盘扣等也较常用。

（3）其他饰品形式。采用其他形式的小装饰物构成盘心，如精美的纽扣、木质的雕塑饰品、金属饰品等。

组合组件的盘心形式可在单一组件的基础上形成，如在包覆体中心配上绉形带盘花；在绒毛盘花中心配上小纽扣等，组合形式多种多样，不胜枚举。组合中需注意形态、款式及色彩上

图7-24　绉形带、绒毛带构成盘心示意

的协调一致，和谐统一。

2. 盘边设计

装饰盘盘边设计一般以烘托盘心装饰气氛，提升装饰盘整体装饰效果为主，盘边的形式通

常以包覆绳编结盘花为主要形式。常用的编结形式如图7－25所示。编结中,盘边的编结尺寸及编结循环数视具体情况而定。为了编结加工和造型方便,所用的包覆绳芯纱中应加入一根细金属丝,以提高包覆绳的可塑性。在色彩设计方面,盘边的色彩应与盘心色彩相呼应,两者应协调统一,融为一体。

图7－25　盘边编结款式

　　盘心盘边设计制作完成后,利用热熔胶连同别针一起将三者粘接在一起,即可完成装饰盘的设计。如图7－26所示为装饰盘背面形式。

二、吊穗设计

　　吊穗在形式上与流苏绑带基本相同,除束带以外,硬体与流苏部分的形式除几何尺寸以外,设计方法是相同的。在长度尺寸方面,吊穗的整体长度应在10cm左右,最长以不超过15cm为宜;在直径尺寸方面,应在2cm左右,最大不超过3cm。在款式设计方面,硬体部分可以是单一形式的组件,也

图7－26　装饰盘背面形式

可以为几种形式组件的组合。流苏款式多种多样、繁简均可,可以是多种材料的组合,也可以是单一材料的多样形式组合。图7－27为几款吊穗的设计实例。

图7－27　小吊穗设计实例

三、组合小饰物设计

将装饰盘与小吊穗结合在一起可形成组合小饰物。组合中应注意装饰盘与吊穗间的几何尺寸不能相差太大,应做到适中、协调;色彩配合上,应上下呼应,和谐、一致。如图 7 - 28 所示为几款组合小饰物的设计实例。

图 7 - 28　组合小饰物设计实例

参考文献

[1]周惠煜,曾保宁,林树梅.花式纱线开发与应用[M].北京:中国纺织出版社,2002.

[2]浙江丝绸工学院,苏州丝绸工学院.织物组织与纹织学(上)[M].北京:中国纺织出版社,2010.

[3]谢光银.装饰织物设计与生产[M].北京:化学工业出版社,2005.

[4]Cari Clement. Terrific Tassels and Fabulous Fringe[M]Iola USA:Krause Publications,2000.

[5]毛成栋.家纺花边设计的研究[D].天津:天津工业大学,2007,(12).

[6]毛成栋.机织绳编花边的设计[J].丝绸,2006,(1).

[7]毛成栋.采用钩编机生产家纺花边[J].针织工业,2006,(5).

[8]毛成栋.机织家纺花边带的设计[J].丝绸,2006,(11).

[9]毛成栋.钩编机在家纺花边生产中的应用[J].针织工业,2006,(11).

[10]毛成栋.机织编结花边的设计[J].四川丝绸,2007,(3).

[11]毛成栋.机织缨边花边的设计[J].丝绸,2007,(8).

[12]毛成栋.钩编花边织物的设计[J].针织工业,2007,(11).

[13]毛成栋.钩编花式纱编织技术探讨[J].针织工业,2009,(7).

[14]毛成栋.包覆绳类钩编花边编织技术探讨[J].针织工业,2011,(5).

[15]毛成栋,石东来,林杰.加捻包覆绳钩编花边编织技术探讨[J].针织工业,2011,(9).

[16]毛成栋,郭昕,石东来.家纺包覆绳包覆技术探讨[J].上海纺织科技,2011,(8).

[17]石东来,毛成栋.钩编缨边花边编织技术探讨[J].针织工业,2013,(9).

[18]毛成栋.交叉结构钩编花边编织技术探讨[J].针织工业,2015,(3).

[19]http://www.boccacomorio.com.